まえがき

新学習指導要領の改訂により、小学校で学ぶ内容は英語なども加わり多岐にわたるようになりました。しかし、算数や国語といった教科の大切さは変わりません。

そして、算数の力を身につけるためには、学校の授業で学んだことを「くり返し学習する」ことが大切です。ただ、学校で学ぶことはたくさんあるけれど、学習時間は限られているため、家庭での取り組みが一層大切になってきます。

ロングセラーをさらに使いやすく

本書「陰山ドリル　上級算数」は、算数の基礎基本を身につけ、さらに応用力を養うドリルです。

長年、小学生や保護者の皆さんに支持されてきました。それは、「家庭」で「くり返し」、「取り組みやすい」よう工夫されているからです。

今回、指導要領の改訂に合わせ、内容の更新を行うとともに、さらに新しい工夫を加えています。

陰山ドリル上級算数のポイント

- 図などを用いた「わかりやすい説明」
- 「なぞり書き」で学習でサポート
- 大切な単元には理解度がわかる「まとめ」つき
- 豊富な問題量で応用力を養う

つまずきを少なくすることで「算数の苦手意識」をなくし、できたという「達成感」が得られるようになります。

本書が、お子様の学力育成の一助になれば幸いです。

陰山英男・桝谷雄三

もくじ

月　日

文字と式 (1)

名前

1　1本40円のえんぴつを買います。代金はいくらになりますか。

1本のとき、$40\times1=40$（円）
2本のとき、$40\times2=80$（円）
3本のとき、$40\times3=120$（円）
⋮　　　　　　⋮
x本のとき、$40\times x=y$（円）

> いろいろ変わる数を x（エックス）や y（ワイ）などの文字を使って、式に表すことができます。

①　えんぴつを5本買ったときの代金を求めましょう。

式

答え ＿＿＿＿＿＿

②　えんぴつをx本買ったとき、代金がy円だったことを式で表しましょう。

（　　　　　　　　　　）

2　縦（たて）が5cm、横が$x$cmで面積が$y\text{cm}^2$の長方形があります。

①　5，x，yを使って、関係を式に表しましょう。

（　　　　　　　　　　）

②　横（x）が6cmのときの面積（y）を求めましょう。

式

答え ＿＿＿＿＿＿

月　日

文字と式 (2)

名前

1 1000円を持って買い物に行きました。このとき使った金額とおつりについて考えましょう。

持っていた金額		使った金額		おつり
1000	−	100	=	900
1000	−	200	=	800
1000	−	300	=	700

① 使った金額を x（円）、おつりを y（円）として、関係を式で表しましょう。

（　　　　　　　　　　　　）

② x の値（あたい）が600（円）のとき、y の値を求めましょう。

式

答え

2 長さ30mのロープがあります。x m を切り取ると、残りは y m です。

① この関係を式に表しましょう。

（　　　　　　　　　　　　）

② x の値が13（m）のときの、y の値を求めましょう。

式

答え

3 80円の消しゴムと x 円のえんぴつを買いました。代金（y）を求める式をかきましょう。

（　　　　　　　　　　　　）

月　　日

文字と式 (3)

名前

1 あすかさんは80円の消しゴムとえんぴつを３本買うことにしました。

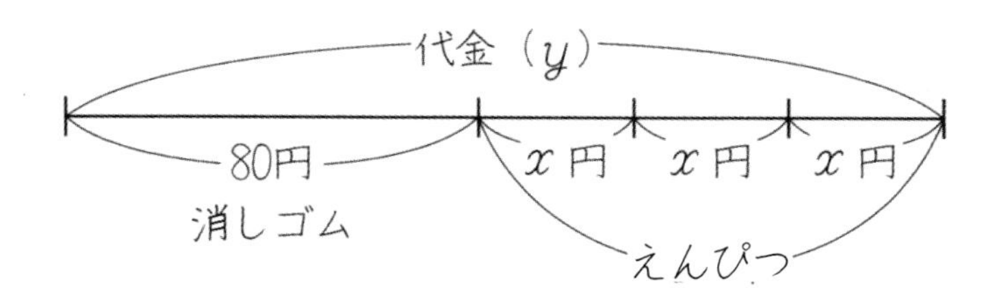

① えんぴつ１本をx（円）、代金をy（円）として、関係を式で表しましょう。

（　　　　　　　　　　　　）

② えんぴつの値段(ねだん)が30円、50円、70円のときの代金を①の式にあてはめて求めましょう。

えんぴつの値段　x（円）	30	50	70
代　　　金　y（円）			

2 まさおさんは、おみまい用のリンゴを買いに行きました。
１個150円のリンゴをx個使って、300円のかごにつめてもらって代金y円をはらいました。

① 代金を求める式をかきましょう。

（　　　　　　　　　　　　）

② リンゴを、５個、６個、７個のときの代金を求めましょう。

りんごの個数　x（個）	5	6	7
代　　　金　y（円）			

月　日

文字と式 (4)

名前

1 しんじさんは、消しゴムと120円のノート1冊(さつ)を買って170円はらいました。消しゴムの値段(ねだん)をx円として式をかき、消しゴムの値段を求めましょう。

$$x + 120 = 170$$
$$x = 170 - 120$$
$$x =$$

答え

2 くみ子さんは、ケーキを5個買って、600円はらいました。ケーキの値段をx円として式をかき、ケーキの値段を求めましょう。

$$x \times 5 = 600$$
$$x = 600 \div 5$$
$$x =$$

答え

3 次の式のときのxを求めましょう。

① $300 + x = 650$

② $x + 750 = 1100$

③ $x \times 25 = 100$

④ $50 \times x = 1200$

文字と式 (5)

月　日

1　お母さんに「150円のケーキをできるだけ多く買って来てね。」といわれて1200円あずかりました。店へ行くと箱代は100円でした。

①　ケーキをx個買うときの代金をy円として、このことを式に表しましょう。

(　　　　　　　　　　　)

②　xに、4, 5, 6…と順に入れて、代金を計算しましょう。

x（個）	4	5	6	7	8
y（円）					

③　あずかった1200円で、ケーキは何個買うことができますか。

答え

④　他のお客さんが、同じケーキを買って1450円はらいました。そのお客さんは、ケーキを何個買いましたか。①の式を利用して考えましょう。

答え

2　次のxを求めましょう。

①　$x \times 3 + 50 = 62$

②　$20 + 5 \times x = 40$

③　$33 \div x = 11$

④　$x \div 5 - 3 = 5$

文字と式 まとめ (1)

月　日

名前

1 次のことをx、yを使った式で表しましょう。（各 10 点）

① 1個150円のケーキをx個買ったときの代金y円

（　　　　　　　　　　）

② 1000円持って行って、x円の買い物をしたときのおつりy円

（　　　　　　　　　　）

2 次のことを表している式を選んで、記号をかきましょう。（各 10 点）

① 1本x円のえんぴつを5本買ったら30円まけてくれました。代金を求めましょう。（　　）

② 1枚(まい)5円のクッキーをx枚と30円のキャンディーを買いました。代金を求めましょう。（　　）

㋐ $5 \times x + 30$　　㋑ $x \times 5 - 30$

3 次のxを求めましょう。（各 20 点）

① $x \times 5 + 120 = 200$

② $(30 + x) \times 3 = 150$

③ $(x - 20) \div 2 = 25$

点

文字と式 まとめ (2)

名前　　　　　　　　月　　日

1 底辺の長さが x cm、高さが6cm の平行四辺形の面積を y cm² とします。

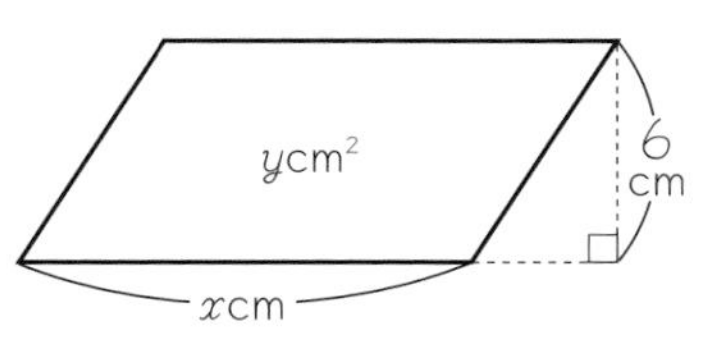

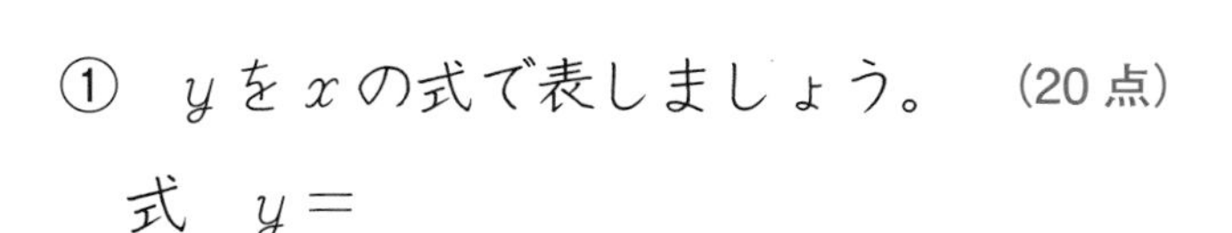

① y を x の式で表しましょう。（20 点）

式　$y=$

② x の値（あたい）が8cm のとき、y の値を求めましょう。（式、答え各 10 点）

式

答え ＿＿＿＿＿＿＿＿

③ x の値が 10cm のとき、y の値を求めましょう。（式、答え各 10 点）

式

答え ＿＿＿＿＿＿＿＿

2 次の式で表される場面は、どれですか、記号で答えましょう。

（各 10 点）

㋐ $y=20+x$　　　㋑ $y=20-x$

㋒ $y=20\times x$　　　㋓ $y=20\div x$

① 1個20円のあめを x 個買ったときの代金が y 円。（　　）

② 20m のリボンから、x m を使ったときの残りが y m。（　　）

③ バスに 20 人乗っていて、停留所で x 人が乗ったときバスの乗客が y 人。（　　）

④ 縦（たて）が x cm、横が y cm の長方形の面積が 20cm²。（　　）

点

分数のかけ算 (1)

名前

✿　1dLのペンキで、$\frac{3}{5}$m²のかべをぬりました。このペンキ$\frac{1}{2}$dLでは、かべを何m²ぬることができますか。

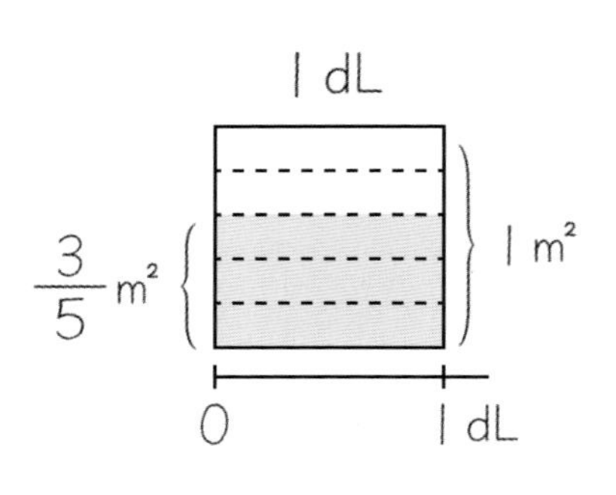

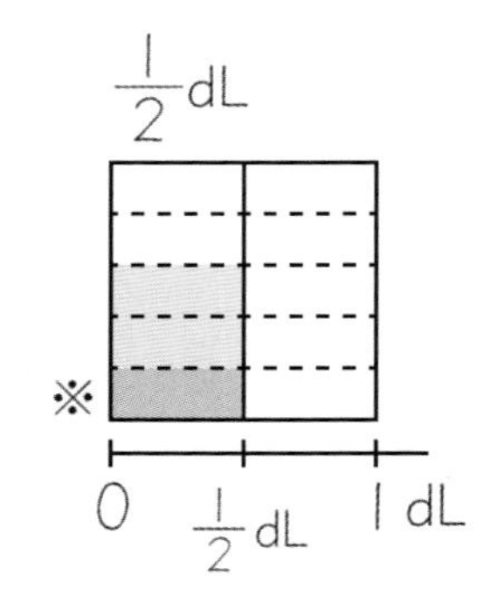

① ※▭は、何m²ですか。　　（ — m²）

② $\frac{1}{2}$dLの図では、▭のいくつ分ありますか。
また、それは何m²ですか。　　（　　つ，　　m²）

③ $\frac{3}{5}$(m²) × $\frac{1}{2}$(dL) = $\frac{3}{10}$(m²)　　となります。

分数のかけ算は、$\frac{3}{5} \times \frac{1}{2} = \frac{3 \times 1}{5 \times 2}$

$= \frac{3}{10}$

分数どうしのかけ算は、分母どうし、分子どうしをかけます。

$$\frac{分子}{分母} \times \frac{分子}{分母} = \frac{分子 \times 分子}{分母 \times 分母}$$

月　　日

分数のかけ算 (2)

名前

次の計算をしましょう。

① $\frac{1}{2}\times\frac{1}{3}=$

② $\frac{3}{4}\times\frac{1}{4}=$

③ $\frac{3}{4}\times\frac{3}{5}=$

④ $\frac{3}{8}\times\frac{3}{5}=$

⑤ $\frac{4}{5}\times\frac{7}{9}=$

⑥ $\frac{2}{5}\times\frac{1}{3}=$

⑦ $\frac{2}{5}\times\frac{2}{5}=$

⑧ $\frac{1}{7}\times\frac{5}{6}=$

⑨ $\frac{3}{7}\times\frac{5}{4}=$

⑩ $\frac{2}{7}\times\frac{4}{5}=$

月　　日

分数のかけ算 (3)

名前

次の計算をしましょう。約分がある場合は、約分をしましょう。

① $\frac{2}{3} \times \frac{1}{6} =$

② $\frac{2}{5} \times \frac{1}{4} =$

③ $\frac{3}{7} \times \frac{5}{6} =$

④ $\frac{3}{5} \times \frac{2}{3} =$

⑤ $\frac{2}{5} \times \frac{1}{2} =$

⑥ $\frac{5}{6} \times \frac{7}{10} =$

⑦ $\frac{3}{4} \times \frac{1}{9} =$

⑧ $\frac{5}{8} \times \frac{3}{5} =$

⑨ $\frac{4}{9} \times \frac{1}{6} =$

⑩ $\frac{3}{8} \times \frac{1}{6} =$

分数のかけ算 (4)

名前

次の計算をしましょう。約分がある場合は、約分をしましょう。

① $\frac{5}{6} \times \frac{3}{4} =$

② $\frac{3}{4} \times \frac{6}{7} =$

③ $\frac{1}{2} \times \frac{2}{9} =$

④ $\frac{1}{6} \times \frac{3}{4} =$

⑤ $\frac{3}{4} \times \frac{2}{7} =$

⑥ $\frac{5}{6} \times \frac{3}{7} =$

⑦ $\frac{1}{5} \times \frac{5}{6} =$

⑧ $\frac{3}{10} \times \frac{5}{7} =$

⑨ $\frac{3}{4} \times \frac{6}{11} =$

⑩ $\frac{3}{8} \times \frac{4}{7} =$

分数のかけ算 (5)

名前

次の計算をしましょう。約分があります。

① $\frac{5}{7} \times \frac{7}{10} =$

② $\frac{5}{6} \times \frac{3}{5} =$

③ $\frac{4}{5} \times \frac{5}{8} =$

④ $\frac{7}{8} \times \frac{2}{7} =$

⑤ $\frac{2}{5} \times \frac{5}{6} =$

⑥ $\frac{2}{9} \times \frac{3}{4} =$

⑦ $\frac{3}{10} \times \frac{2}{3} =$

⑧ $\frac{9}{10} \times \frac{5}{6} =$

⑨ $\frac{3}{4} \times \frac{8}{9} =$

⑩ $\frac{5}{8} \times \frac{2}{5} =$

分数のかけ算 (6)

名前

次の計算をしましょう。約分があります。

① $\frac{7}{8} \times \frac{6}{35} =$

② $\frac{14}{15} \times \frac{5}{8} =$

③ $\frac{16}{27} \times \frac{9}{20} =$

④ $\frac{4}{15} \times \frac{15}{16} =$

⑤ $\frac{9}{14} \times \frac{7}{12} =$

⑥ $\frac{4}{9} \times \frac{3}{16} =$

⑦ $\frac{4}{5} \times \frac{5}{12} =$

⑧ $\frac{5}{9} \times \frac{3}{10} =$

⑨ $\frac{3}{8} \times \frac{4}{9} =$

⑩ $\frac{4}{5} \times \frac{5}{6} =$

月　　日

分数のかけ算 (7)

$$\frac{2}{7} \times 2 = \frac{2 \times 2}{7 \times 1}$$

$$= \frac{4}{7}$$

⇐2は$\frac{2}{1}$と考える

次の計算をしましょう。仮分数はそのままでよい。

① $\frac{2}{3} \times 2 =$

② $\frac{3}{5} \times 4 =$

③ $\frac{3}{7} \times 2 =$

④ $\frac{1}{8} \times 3 =$

⑤ $\frac{1}{4} \times 3 =$

⑥ $\frac{1}{8} \times 5 =$

⑦ $\frac{2}{5} \times 2 =$

⑧ $\frac{1}{7} \times 3 =$

分数のかけ算 (8)

月　日

$$\frac{1}{10}\times 5=\frac{1\times \cancel{5}^{1}}{{}_{2}\cancel{10}\times 1}=\frac{1}{2}$$

⇐5は$\frac{5}{1}$と考える

次の計算をしましょう。仮分数はそのままでよい。

① $\frac{2}{9}\times 6=$

② $\frac{5}{16}\times 6=$

③ $\frac{3}{10}\times 2=$

④ $\frac{3}{8}\times 4=$

⑤ $\frac{5}{12}\times 8=$

⑥ $\frac{5}{18}\times 12=$

⑦ $\frac{2}{15}\times 9=$

⑧ $\frac{3}{14}\times 2=$

分数のかけ算 (9)

名前

$$3 \times \frac{1}{8} = \frac{3 \times 1}{1 \times 8} = \frac{3}{8}$$

⇐3は$\frac{3}{1}$と考える

次の計算をしましょう。

① $5 \times \frac{3}{16} =$

② $2 \times \frac{1}{5} =$

③ $2 \times \frac{2}{9} =$

④ $4 \times \frac{1}{7} =$

⑤ $5 \times \frac{1}{9} =$

⑥ $3 \times \frac{1}{5} =$

⑦ $2 \times \frac{3}{7} =$

⑧ $3 \times \frac{3}{16} =$

分数のかけ算 ⑽

名前

$$3 \times \frac{5}{12} = \frac{\overset{1}{\cancel{3}} \times 5}{1 \times \underset{4}{\cancel{12}}} = \frac{5}{4}$$

⇐3は$\frac{3}{1}$と考える

次の計算をしましょう。

① $10 \times \frac{1}{15} =$

② $8 \times \frac{1}{12} =$

③ $7 \times \frac{1}{14} =$

④ $5 \times \frac{1}{20} =$

⑤ $2 \times \frac{3}{8} =$

⑥ $3 \times \frac{5}{27} =$

⑦ $4 \times \frac{1}{36} =$

⑧ $9 \times \frac{1}{24} =$

分数のかけ算 (11)

名前

$$1\frac{1}{9}\times\frac{3}{4}=\frac{\overset{5}{\cancel{10}}\times\overset{1}{\cancel{3}}}{\underset{3}{\cancel{9}}\times\underset{2}{\cancel{4}}}=\frac{5}{6}$$

⇐帯分数は仮分数に直して計算する

次の計算をしましょう。

① $2\frac{1}{4}\times\frac{10}{21}=$

② $\frac{10}{27}\times3\frac{3}{5}=$

③ $4\frac{1}{6}\times1\frac{1}{15}=$

④ $3\frac{3}{7}\times1\frac{5}{9}=$

⑤ $3\frac{3}{8}\times1\frac{7}{9}=$

⑥ $4\frac{1}{2}\times\frac{4}{9}=$

分数のかけ算 ⑿

月　日

名前

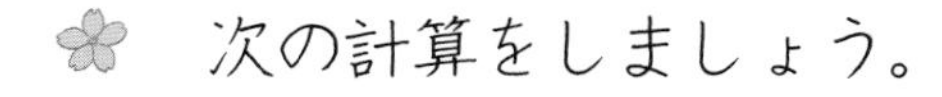

次の計算をしましょう。

① $\frac{16}{25} \times 3\frac{1}{8} =$

② $2\frac{1}{10} \times \frac{2}{3} =$

③ $\frac{2}{3} \times 1\frac{1}{8} =$

④ $1\frac{1}{15} \times 3\frac{1}{8} =$

⑤ $2\frac{2}{5} \times 1\frac{7}{8} =$

⑥ $1\frac{7}{8} \times 2\frac{2}{9} =$

⑦ $5\frac{5}{6} \times 2\frac{4}{7} =$

⑧ $2\frac{1}{10} \times 3\frac{3}{14} =$

月　日

分数のかけ算 まとめ (3)

名前

次の計算をしましょう。仮分数はそのままでよい。　(各 10 点)

① $\frac{1}{2}\times\frac{3}{7}=$

② $\frac{2}{3}\times\frac{8}{5}=$

③ $\frac{5}{4}\times\frac{2}{3}=$

④ $\frac{2}{5}\times\frac{5}{7}=$

⑤ $\frac{2}{3}\times\frac{5}{6}=$

⑥ $\frac{2}{9}\times\frac{1}{2}=$

⑦ $\frac{3}{5}\times\frac{1}{6}=$

⑧ $\frac{2}{3}\times\frac{3}{10}=$

⑨ $\frac{9}{5}\times\frac{5}{6}=$

⑩ $\frac{9}{4}\times\frac{8}{15}=$

点

月　日

分数のかけ算 まとめ (4)

名前

1 次の計算をしましょう。 (各 10 点)

① $\frac{2}{3} \times \frac{5}{7} =$

② $\frac{3}{4} \times \frac{1}{6} =$

③ $\frac{2}{15} \times 5 =$

④ $\frac{5}{9} \times \frac{3}{10} =$

⑤ $3 \times \frac{2}{27} =$

⑥ $\frac{5}{2} \times \frac{1}{10} =$

2 1 dL のペンキで $\frac{5}{4}$ m^2 のへいがぬれます。ペンキ $\frac{6}{5}$ dL では、何 m^2 のへいがぬれますか。 (式、答え各 10 点)

式

答え

3 1 m^2 あたり $\frac{3}{7}$ L の水をまきます。$\frac{3}{4}$ m^2 の畑では、何 L の水がいりますか。 (式、答え各 10 点)

式

答え

点

逆数 (1)

名前

1 次の計算をしましょう。

① $\frac{2}{5} \times \frac{5}{2} =$　　② $\frac{4}{9} \times \frac{9}{4} =$

2つの数の積が1になるとき、一方の数を他方の数の **逆数**（ぎゃくすう）といいます。

2 次の数の逆数をかきましょう。

① $\frac{2}{3} \rightarrow$　　② $\frac{4}{5} \rightarrow$

③ $\frac{8}{7} \rightarrow$　　④ $\frac{10}{9} \rightarrow$

⑤ $1\frac{2}{5} \rightarrow$　　⑥ $2\frac{1}{8} \rightarrow$

- 整数の逆数 …3を分数にすると $\frac{3}{1} \rightarrow \frac{3}{1}$ の逆数は $\frac{1}{3}$
- 小数の逆数 …0.7を分数で表すと $\frac{7}{10} \rightarrow \frac{7}{10}$ の逆数は $\frac{10}{7}$

3 次の数の逆数をかきましょう。

① $4 \rightarrow$　　② $6 \rightarrow$

③ $15 \rightarrow$　　④ $0.3 \rightarrow$

⑤ $0.9 \rightarrow$　　⑥ $1.9 \rightarrow$

逆数 (2)

名前

1 次の数の逆数をかきましょう。

① $\frac{3}{5}$ →　　② $\frac{4}{7}$ →

③ $\frac{5}{6}$ →　　④ $\frac{3}{10}$ →

⑤ $1\frac{3}{4}$ →　　⑥ $2\frac{1}{6}$ →

⑦ $1\frac{3}{8}$ →　　⑧ $2\frac{1}{5}$ →

2 次の数の逆数をかきましょう。

① 3 →　　② 5 →

③ 7 →　　④ 9 →

⑤ 0.7 →　　⑥ 0.1 →

⑦ 1.1 →　　⑧ 1.3 →

分数のわり算 (1)

名前

$\frac{1}{2}$ dL のペンキで、$\frac{2}{5}$ m^2 のかべをぬりました。このペンキ 1 dL では、かべを何 m^2 ぬることができますか。

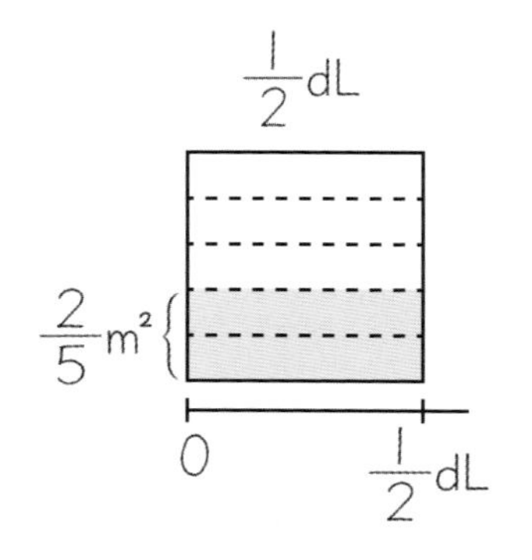

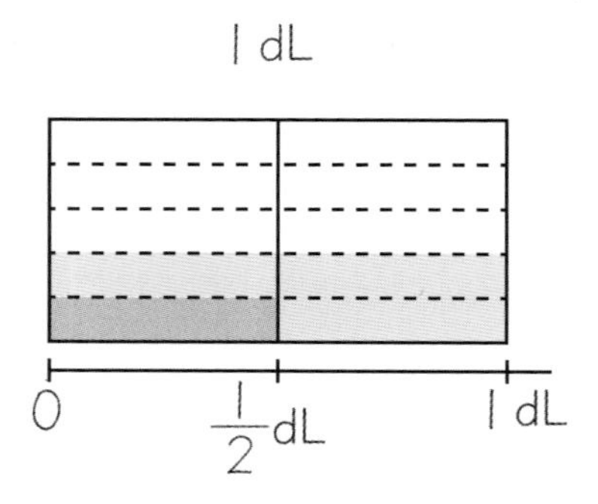

① ※ ▭ は、何 m^2 ですか。　（ ―― m^2 ）

② 1 dL の図では、▭ のいくつ分ありますか。
また、それは何 m^2 ですか。　（ 　つ, ―― m^2 ）

③ 1 dL あたりを求めるので、

$\frac{2}{5}$ (m^2) ÷ $\frac{1}{2}$ (dL) ＝ $\frac{4}{5}$ (m^2)　となります。

分数のわり算は、$\frac{2}{5} \div \frac{1}{2} = \frac{2}{5} \times \frac{2}{1}$

$$= \frac{2 \times 2}{5 \times 1}$$

$$= \frac{4}{5}$$

分数のわり算は、わる数の逆数をかけます。

$$\frac{3}{4} \div \frac{4}{5} = \frac{3}{4} \times \frac{5}{4}$$

月　　日

分数のわり算 (2)

名前

次の計算をしましょう。（商は仮分数のままでよい。）

① $\frac{3}{5} \div \frac{2}{3} =$

② $\frac{2}{7} \div \frac{3}{8} =$

③ $\frac{2}{3} \div \frac{3}{4} =$

④ $\frac{1}{5} \div \frac{5}{8} =$

⑤ $\frac{1}{6} \div \frac{2}{7} =$

⑥ $\frac{1}{4} \div \frac{3}{5} =$

⑦ $\frac{5}{9} \div \frac{3}{5} =$

⑧ $\frac{1}{4} \div \frac{4}{7} =$

⑨ $\frac{5}{7} \div \frac{3}{8} =$

⑩ $\frac{4}{5} \div \frac{5}{8} =$

分数のわり算 (3)

月　　日 

名前

✿ 次の計算をしましょう。約分があります。

① $\frac{2}{3} \div \frac{4}{5} =$

② $\frac{5}{6} \div \frac{10}{11} =$

③ $\frac{5}{12} \div \frac{5}{7} =$

④ $\frac{2}{5} \div \frac{4}{7} =$

⑤ $\frac{2}{7} \div \frac{2}{5} =$

⑥ $\frac{4}{5} \div \frac{6}{7} =$

⑦ $\frac{4}{7} \div \frac{4}{9} =$

⑧ $\frac{3}{5} \div \frac{9}{11} =$

⑨ $\frac{4}{7} \div \frac{8}{11} =$

⑩ $\frac{4}{9} \div \frac{6}{7} =$

分数のわり算 (4)

名前

次の計算をしましょう。約分があります。

① $\frac{1}{2} \div \frac{5}{6} =$

② $\frac{2}{3} \div \frac{7}{9} =$

③ $\frac{3}{4} \div \frac{5}{6} =$

④ $\frac{3}{5} \div \frac{7}{10} =$

⑤ $\frac{5}{6} \div \frac{8}{9} =$

⑥ $\frac{5}{8} \div \frac{3}{4} =$

⑦ $\frac{1}{6} \div \frac{3}{8} =$

⑧ $\frac{2}{7} \div \frac{5}{7} =$

⑨ $\frac{1}{2} \div \frac{3}{4} =$

⑩ $\frac{3}{4} \div \frac{7}{8} =$

月　　日 

分数のわり算 (5)

✿ 次の計算をしましょう。約分があります。

① $\frac{2}{3} \div \frac{8}{9} =$

② $\frac{5}{6} \div \frac{10}{9} =$

③ $\frac{2}{5} \div \frac{4}{5} =$

④ $\frac{2}{7} \div \frac{6}{7} =$

⑤ $\frac{3}{8} \div \frac{9}{10} =$

⑥ $\frac{3}{4} \div \frac{9}{10} =$

⑦ $\frac{3}{5} \div \frac{9}{10} =$

⑧ $\frac{2}{9} \div \frac{4}{9} =$

⑨ $\frac{7}{10} \div \frac{7}{8} =$

⑩ $\frac{5}{12} \div \frac{5}{6} =$

分数のわり算 (6)

名前

次の計算をしましょう。約分があります。

① $\frac{3}{4} \div \frac{9}{8} =$

② $\frac{2}{5} \div \frac{8}{15} =$

③ $\frac{3}{7} \div \frac{9}{14} =$

④ $\frac{3}{5} \div \frac{9}{25} =$

⑤ $\frac{7}{8} \div \frac{7}{4} =$

⑥ $\frac{4}{9} \div \frac{8}{9} =$

⑦ $\frac{2}{3} \div \frac{8}{15} =$

⑧ $\frac{8}{9} \div \frac{20}{21} =$

⑨ $\frac{15}{16} \div \frac{9}{10} =$

⑩ $\frac{8}{21} \div \frac{6}{35} =$

分数のわり算 (7)

$$\frac{2}{7} \div 5 = \frac{2 \times 1}{7 \times 5} = \frac{2}{35}$$

⇐5の逆数は $\frac{1}{5}$

次の計算をしましょう。

① $\frac{5}{9} \div 4 =$

② $\frac{1}{7} \div 2 =$

③ $\frac{1}{5} \div 2 =$

④ $\frac{3}{8} \div 4 =$

⑤ $\frac{3}{10} \div 2 =$

⑥ $\frac{2}{11} \div 3 =$

⑦ $\frac{5}{14} \div 3 =$

⑧ $\frac{2}{7} \div 3 =$

分数のわり算 (8)

名前

$$\frac{3}{10} \div 9 = \frac{\overset{1}{\cancel{3}} \times 1}{10 \times \underset{3}{\cancel{9}}} = \frac{1}{30}$$

⇐9の逆数は $\frac{1}{9}$

次の計算をしましょう。

① $\frac{3}{4} \div 6 =$

② $\frac{8}{5} \div 6 =$

③ $\frac{6}{7} \div 4 =$

④ $\frac{9}{7} \div 6 =$

⑤ $\frac{8}{9} \div 12 =$

⑥ $\frac{15}{8} \div 10 =$

⑦ $\frac{9}{5} \div 12 =$

⑧ $\frac{12}{7} \div 15 =$

月　日

分数のわり算 (9)

名前

$$2\frac{1}{12} \div 1\frac{7}{8} = \frac{\overset{5}{\cancel{25}} \times \overset{2}{\cancel{8}}}{\underset{3}{\cancel{12}} \times \underset{3}{\cancel{15}}} = \frac{10}{9} = 1\frac{1}{9}$$

⇐帯分数は仮分数に直して計算する

次の計算をしましょう。

① $1\frac{1}{8} \div 1\frac{1}{14} =$

② $5\frac{5}{6} \div 1\frac{5}{9} =$

③ $1\frac{7}{8} \div 1\frac{1}{20} =$

④ $2\frac{5}{8} \div 1\frac{1}{6} =$

⑤ $2\frac{1}{4} \div 2\frac{1}{10} =$

⑥ $1\frac{1}{6} \div 2\frac{5}{8} =$

分数のわり算 ⑽

名前

次の計算をしましょう。

① $2\frac{1}{10} \div 2\frac{1}{4} =$

② $2\frac{1}{3} \div 1\frac{1}{6} =$

③ $1\frac{7}{8} \div 1\frac{1}{4} =$

④ $2\frac{2}{5} \div 1\frac{1}{15} =$

⑤ $4\frac{1}{6} \div 1\frac{1}{9} =$

⑥ $2\frac{11}{12} \div 2\frac{7}{9} =$

⑦ $1\frac{1}{14} \div 1\frac{4}{21} =$

⑧ $1\frac{5}{9} \div 1\frac{1}{6} =$

分数のわり算 まとめ (5)

名前

次の計算をしましょう。 (各 10 点)

① $\frac{1}{2} \div \frac{2}{3} =$

② $\frac{1}{3} \div \frac{5}{6} =$

③ $\frac{4}{5} \div \frac{2}{3} =$

④ $\frac{2}{5} \div \frac{7}{15} =$

⑤ $\frac{2}{3} \div \frac{4}{3} =$

⑥ $\frac{16}{21} \div \frac{8}{9} =$

⑦ $\frac{1}{5} \div \frac{3}{5} =$

⑧ $\frac{1}{3} \div \frac{5}{2} =$

⑨ $\frac{2}{5} \div \frac{8}{15} =$

⑩ $\frac{3}{4} \div \frac{7}{4} =$

点

月　日

分数のわり算 まとめ (6)

名前

1 次の計算をしましょう。 (各 10 点)

① $\frac{2}{7} \div \frac{4}{5} =$

② $\frac{2}{5} \div \frac{6}{7} =$

③ $\frac{3}{4} \div \frac{9}{8} =$

④ $\frac{3}{10} \div \frac{9}{25} =$

⑤ $\frac{14}{15} \div \frac{8}{9} =$

⑥ $\frac{15}{16} \div \frac{9}{20} =$

2 $\frac{3}{7}$ m^2 のかべをぬるのに、ペンキを$\frac{4}{3}$ dL 使いました。ペンキ 1 dL では、何 m^2 ぬれますか。 (式、答え各 10 点)

式

答え

3 $\frac{6}{7}$ L の水を$\frac{3}{5}$ m^2 の畑に同じようにまきました。1 m^2 あたり何 L の水をまいたことになりますか。 (式、答え各 10 点)

式

答え

点

分数の計算 (1)

名前

1 小数は 10 を分母とする分数にかえてから計算します。

① $0.7 \times \frac{3}{7} =$

② $\frac{2}{3} \div 0.3 =$

2 次の計算をしましょう。

① $3 \div 7 \times 0.7 =$

② $0.9 \times 5 \times \frac{1}{3} =$

③ $\frac{7}{4} \div 7 \times \frac{6}{5} =$

分数の計算 (2)

名前

次の計算をしましょう。

① $\frac{1}{3} \div 0.7 \times \frac{8}{5} =$

② $0.6 \times \frac{2}{5} \div \frac{7}{15} =$

③ $\frac{5}{8} \div 0.3 \times \frac{9}{5} =$

④ $0.3 \div \frac{7}{10} \div \frac{3}{4} =$

⑤ $\frac{3}{7} \times \frac{14}{9} \div 0.5 =$

分数の計算 (3)

名前

次の計算をしましょう。

① $\frac{4}{5} \times \left(\frac{3}{8} + \frac{1}{6}\right) =$

② $\left(\frac{7}{9} - \frac{1}{6}\right) \div \frac{11}{6} =$

③ $\frac{11}{16} \div \left(\frac{3}{4} + \frac{5}{8}\right) =$

④ $\left(\frac{5}{6} - \frac{1}{3}\right) \times \frac{6}{7} =$

⑤ $\frac{10}{21} \times \frac{4}{5} + \frac{4}{7} =$

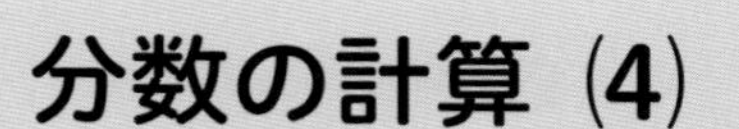

分数の計算 (4)

名前

次の計算をしましょう。

① $\frac{1}{6}+\frac{7}{15}\times\frac{5}{14}=$

② $\frac{9}{56}\div\frac{3}{8}-\frac{3}{14}=$

③ $\frac{2}{7}-\frac{5}{12}\times\frac{6}{35}=$

④ $\frac{2}{5}\times\left(\frac{4}{5}-\frac{3}{10}\right)=$

⑤ $\left(\frac{7}{9}-\frac{5}{12}\right)\div\frac{13}{12}=$

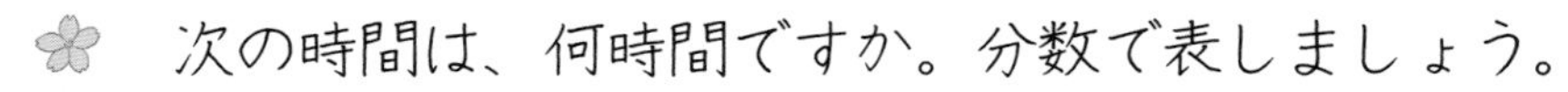

分数の計算 (5)

名前

月　　日

次の時間は、何時間ですか。分数で表しましょう。

1時間＝60分

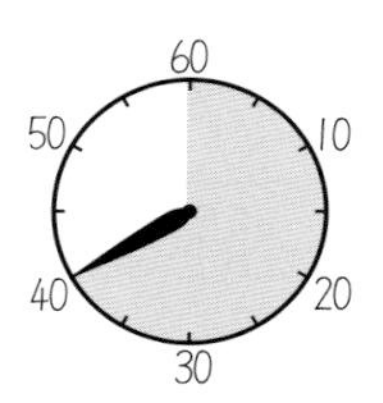

① 40分

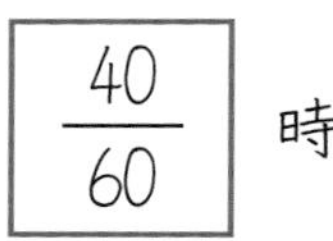

時間 

□ 時間

② 30分

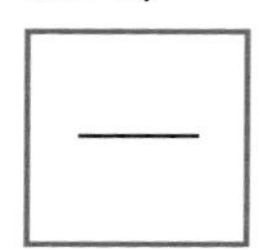 時間 

□ 時間

③ 5分

□ 時間 

□ 時間

④ 15分

□ 時間 

時間

⑤ 10分

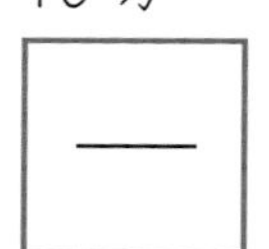 時間 

時間

⑥ 45分

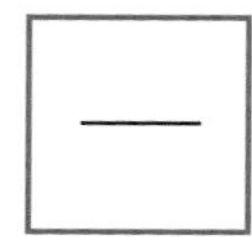 時間 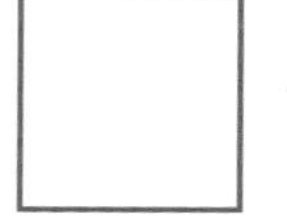

□ 時間

月　　日

分数の計算 (6)

名前

次の時間は、何分ですか。整数で表しましょう。

1時間＝60分

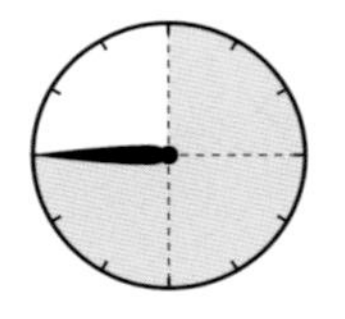

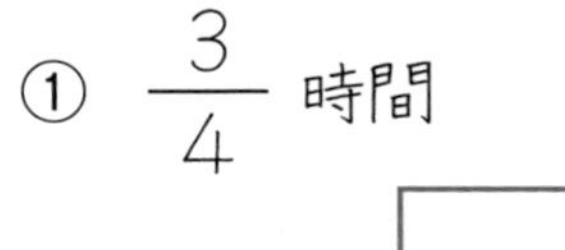

① $\frac{3}{4}$ 時間

60 × □ 分 ──→ □ 分

② $\frac{1}{2}$ 時間

60 × □ 分 ──→ □ 分

③ $\frac{2}{3}$ 時間

60 × □ 分 ──→ □ 分

④ $\frac{2}{5}$ 時間

60 × □ 分 ──→ □ 分

⑤ $\frac{1}{12}$ 時間

60 × □ 分 ──→ □ 分

⑥ $\frac{1}{6}$ 時間

60 × □ 分 ──→ □ 分

分数の計算 まとめ (7)

名前

1 次の計算をしましょう。 (各 10 点)

① $\frac{2}{3} \times 0.9 =$

② $1\frac{1}{7} \times 3.5 =$

③ $\frac{10}{21} \times 0.8 \div 1\frac{3}{7} =$

④ $2\frac{6}{7} \div \frac{6}{7} \times \frac{8}{15} =$

⑤ $\frac{11}{56} \div 1\frac{4}{7} + \frac{3}{4} =$

⑥ $\frac{3}{14} \times \left(\frac{7}{15} + \frac{7}{10}\right) =$

2 次の時間は、何分ですか。 (各 10 点)

① $\frac{1}{4}$ 時間 (　　　　分)　② $\frac{5}{6}$ 時間 (　　　　分)

3 次の数の逆数をかきましょう。 (各 10 点)

① $7 \rightarrow$　② $0.3 \rightarrow$

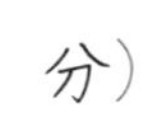

点

月　　日 

分数の計算 まとめ (8)

名前

1 次の計算をしましょう。 （各 10 点）

① $0.6 \times \frac{5}{12} =$

② $0.75 \times \frac{2}{15} =$

③ $\frac{3}{5} \times \frac{5}{12} \times 2 =$

④ $\frac{7}{8} \times 3 \div \frac{3}{2} =$

⑤ $0.3 \div \frac{7}{10} \div \frac{3}{4} =$

⑥ $\frac{4}{5} \times \left(\frac{3}{8} + \frac{1}{6}\right) =$

2 次の時間は、何時間ですか。分数で答えましょう。 （各 10 点）

① 40分 （　　　時間）　② 10分 （　　　時間）

③ 5分 （　　　時間）　④ 45分 （　　　時間）

点

円の面積 (1)

名前

✿ 半径10cmの円の面積について調べましょう。

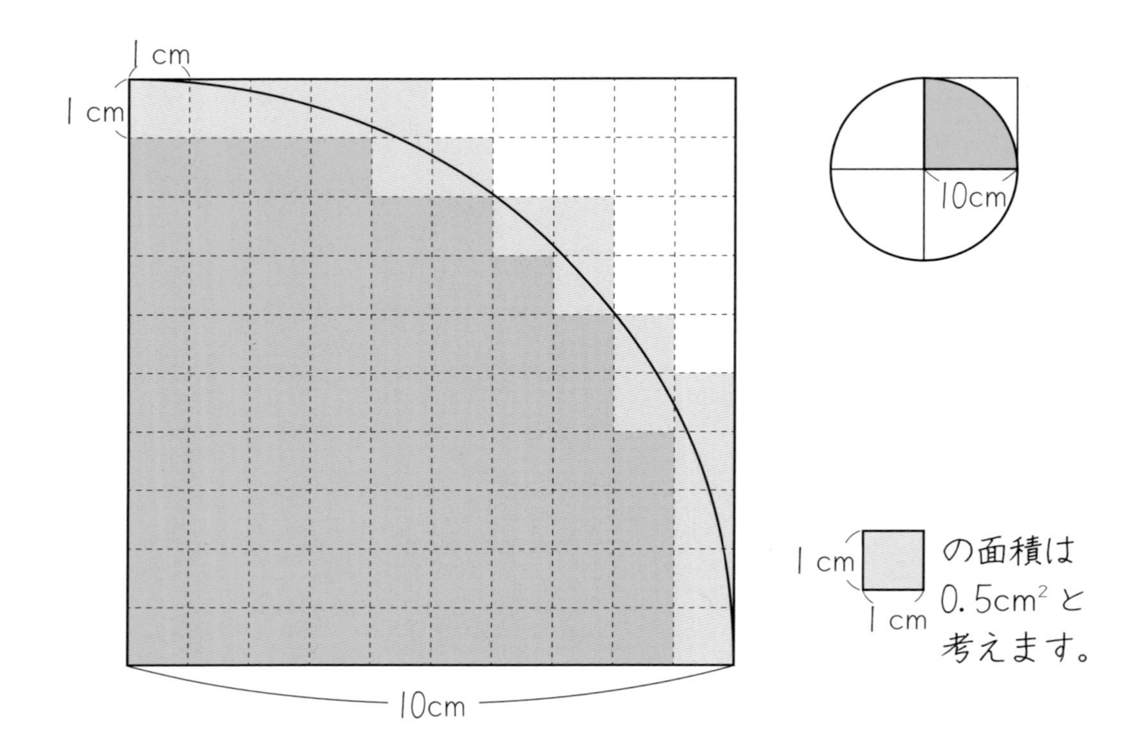

の面積は $0.5cm^2$ と考えます。

円の $\frac{1}{4}$ をかいて、調べました。

① 1cm×1cmの正方形（濃い色）は、何個ありますか。　（　　　　）

② 1cm×1cmの正方形（うすい色）は、何個ありますか。　（　　　　）

③ 円の $\frac{1}{4}$ の面積は、いくらと考えられますか。　（　　　　）

④ 円全体では、面積はいくらと考えられますか。　（　　　　）

円の面積 (2)

半径 10cm の円の面積について調べましょう。

円を下のように 16 等分しました。

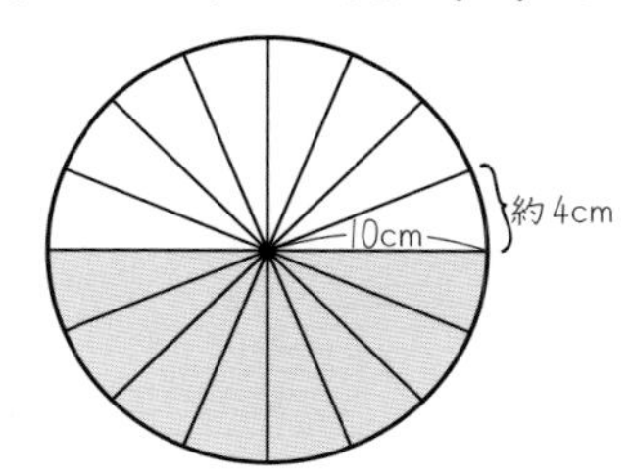

これらを組み合わせて今まで学習した形にし、だいたいの面積を求めましょう。

① 三角形

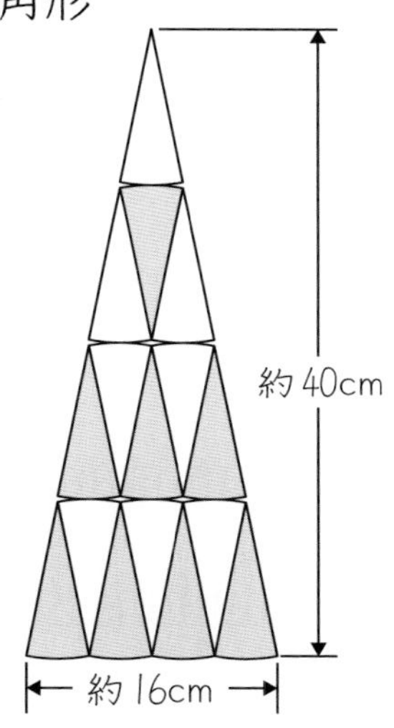

式

答え 約

② 平行四辺形

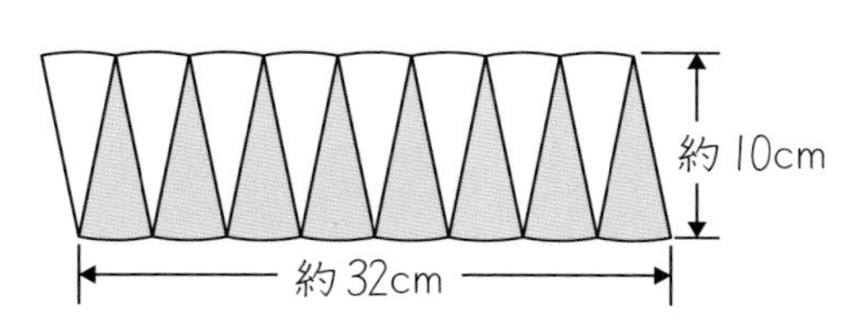

式

答え 約

③ 台形

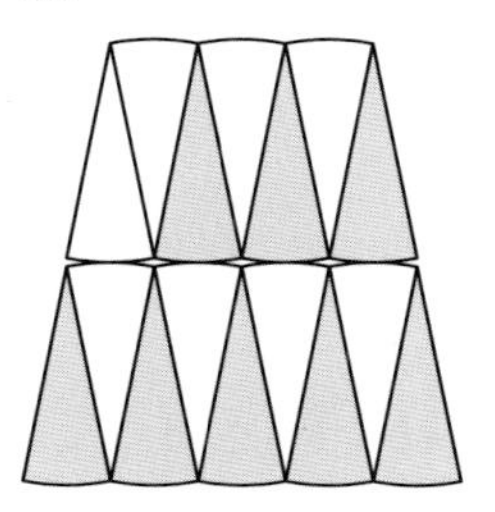

式

答え 約

月　日

円の面積 (3)

名前

1 半径10cmの円になるように、ひもをまいて円をつくりました。

この円を１か所半径で切って外周のひもが一直線になるようにひろげます。

円の面積を求めましょう。

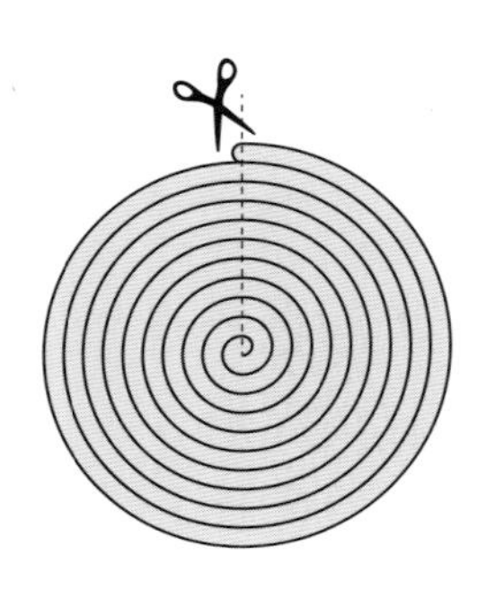

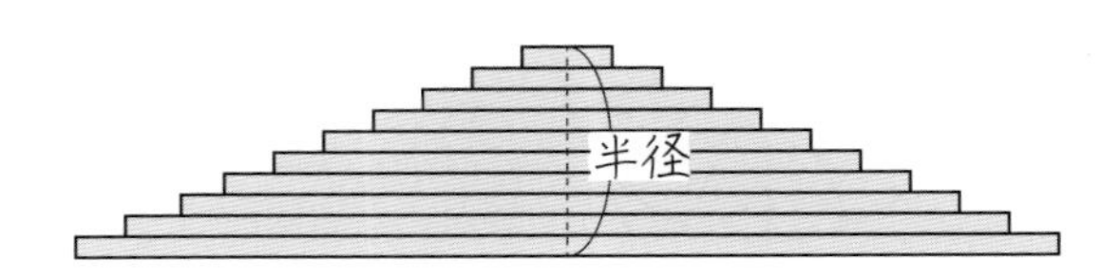

式

答え

2 半径10cmの円をさらに小さい形に等分しました。円の面積を求めましょう。

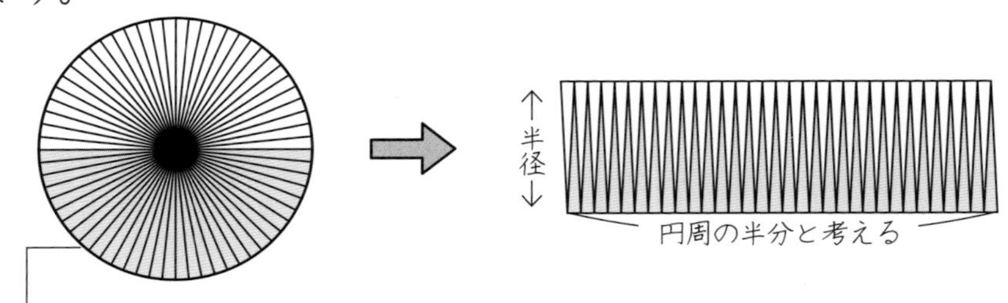

長方形の面積＝ 縦 × 横

式

答え

円の面積＝(半径)×(半径×２×円周率÷２)

＝半径×半径×円周率

円の面積の公式

円の面積 ＝ 半径 × 半径 × 円周率

円の面積 (4)

月　日

名前

円の面積を求めましょう。（円周率を 3.14 とします。）

①

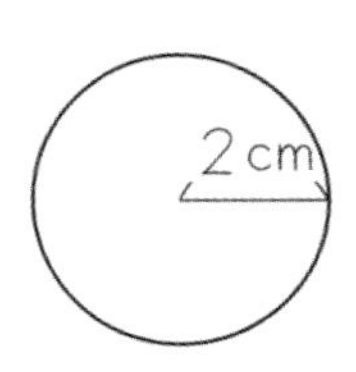

式

答え

②

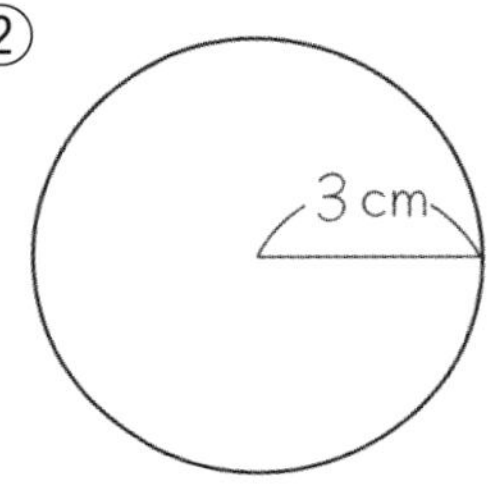

式

答え

③　半径 10cm の円

式

答え

④　半径 12cm の円

式

答え

⑤　半径 25cm の円

式

答え

円の面積 (5)

名前　　　月　　日

円の面積を求めましょう。(円周率を 3.14 とします。)

①

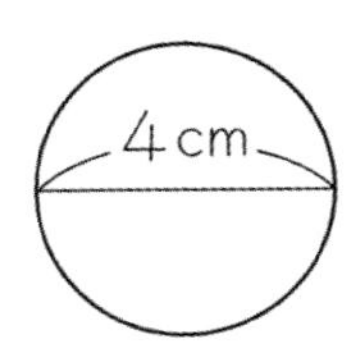

式

答え

②

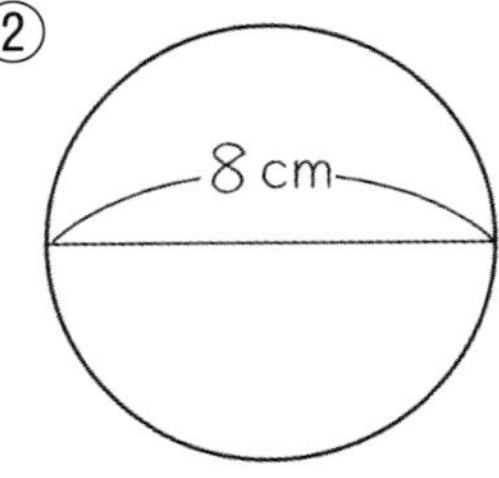

式

答え

③　直径 16cm の円

式

答え

④　直径 20cm の円

式

答え

⑤　直径 70cm の円

式

答え

月　日

円の面積 (6)

名前

次の図形の面積を求めましょう。

①

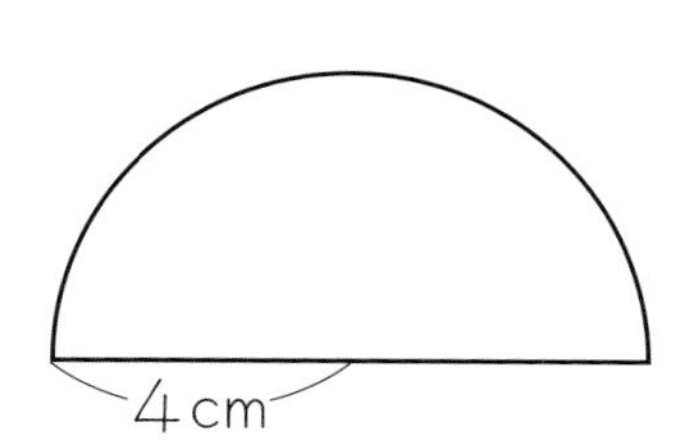

式

答え

②

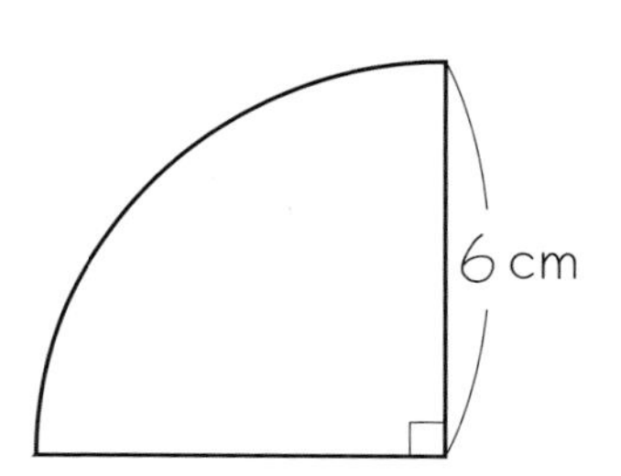

式

答え

③

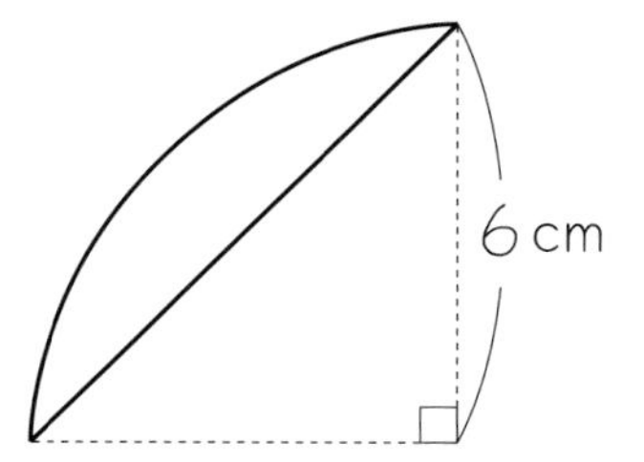

式

答え

④

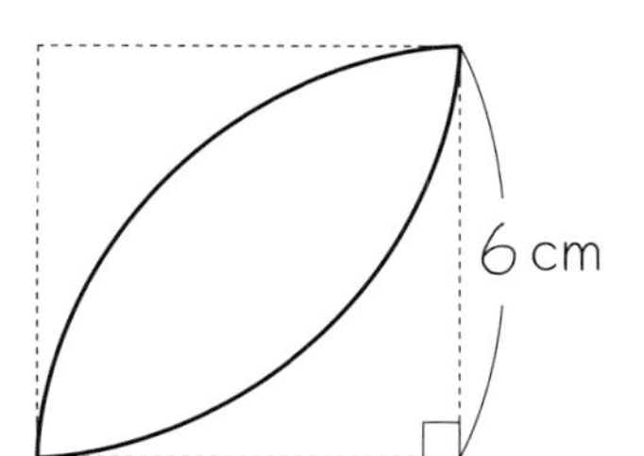

式

答え

円の面積 (7)

✿ 次の図形の面積を求めましょう。

①

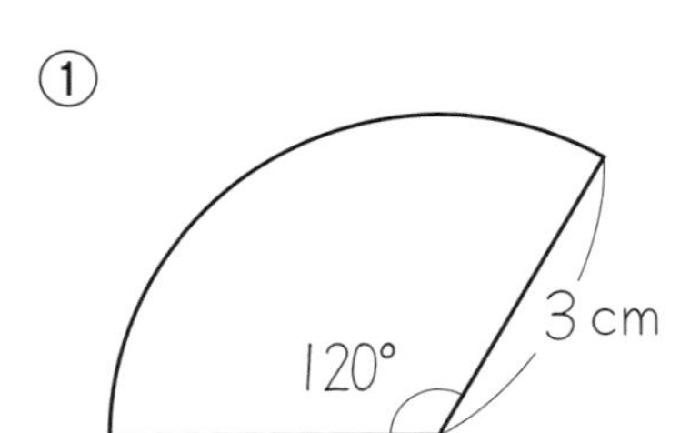

式

答え

②

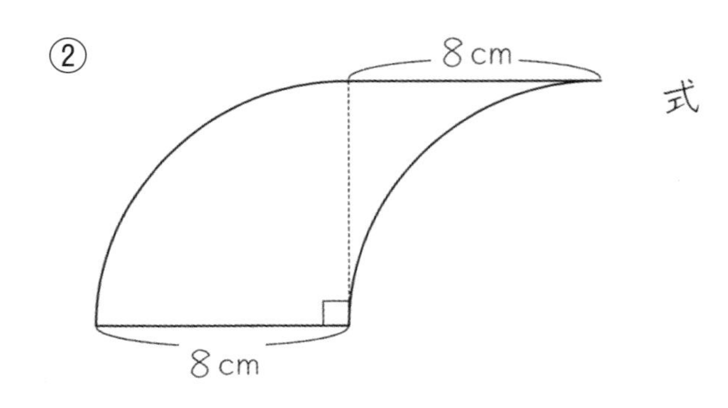

式

答え

③

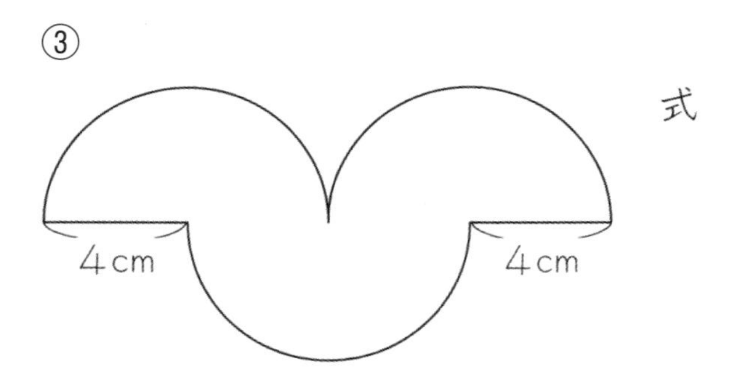

式

答え

④

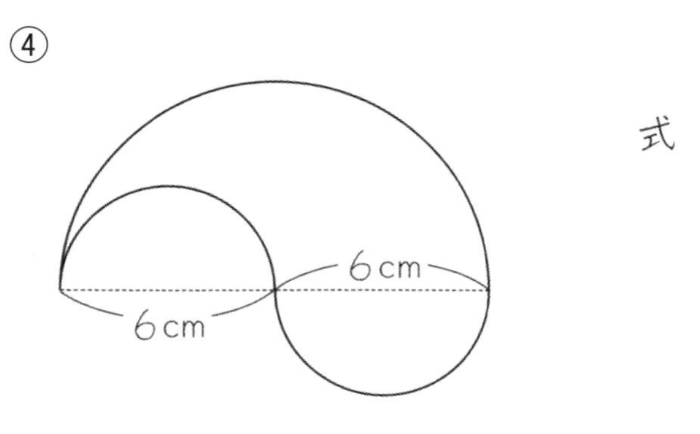

式

答え

円の面積 (8)

月　日

名前

□の部分の面積を求めましょう。（円周率を 3.14 とします。）

①

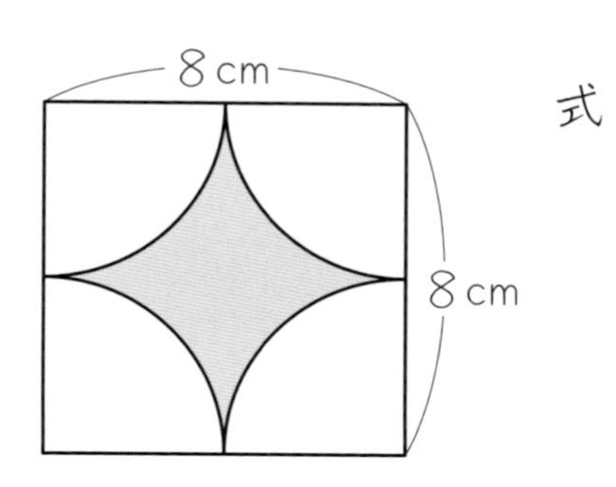

式

答え

②

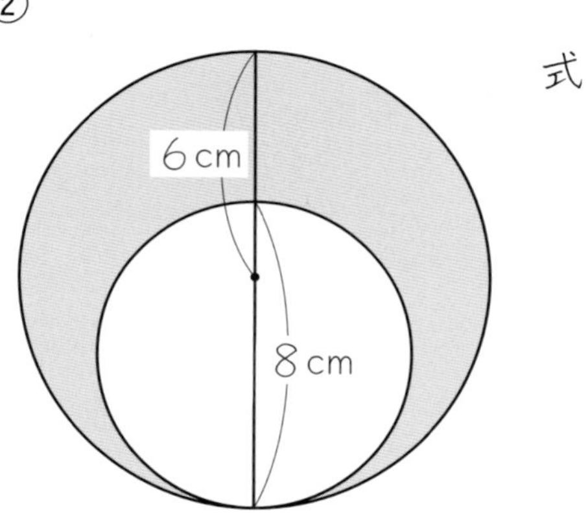

式

答え

③

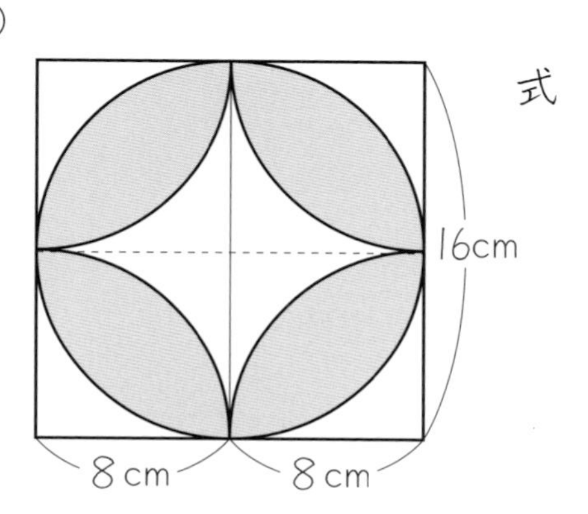

式

答え

月　日

円の面積 まとめ (9)

名前

✿ ▭ の部分の面積を求めましょう。　(各式 15 点、答え 10 点)

①

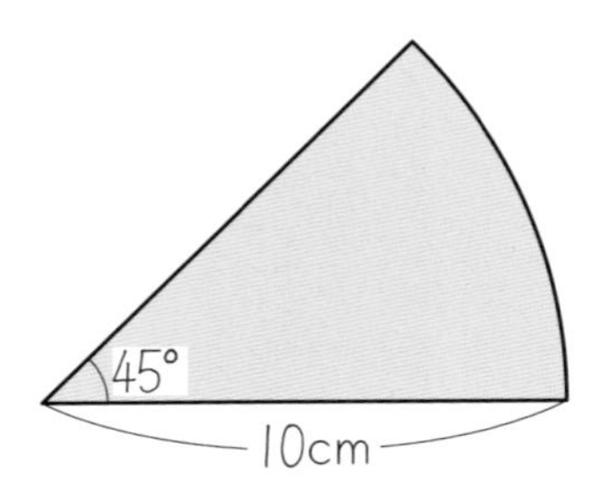

式

答え

②

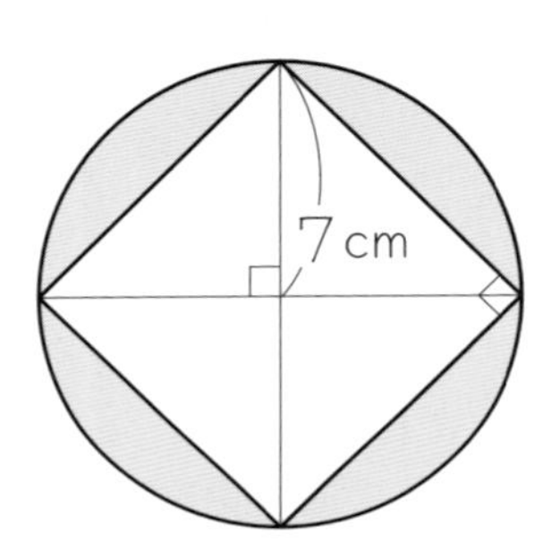

式

答え

③

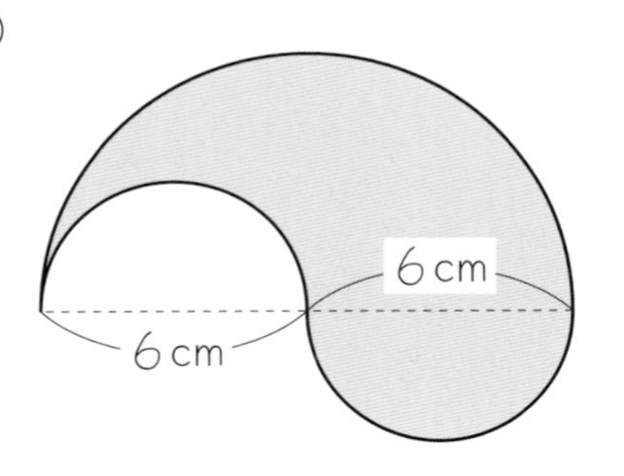

式

答え

④

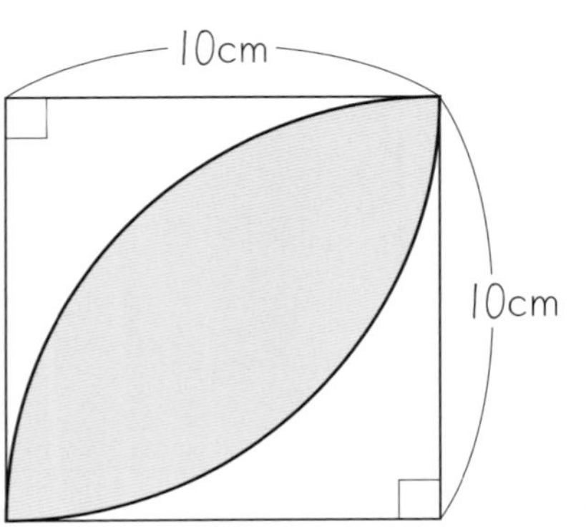

式

答え

点

円の面積 まとめ ⑽

名前

□の部分の面積を求めましょう。　（各式 15 点、答え 10 点）

①
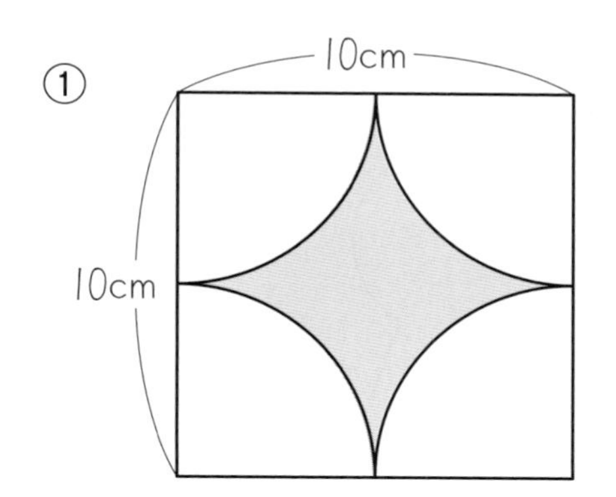

式

答え

②
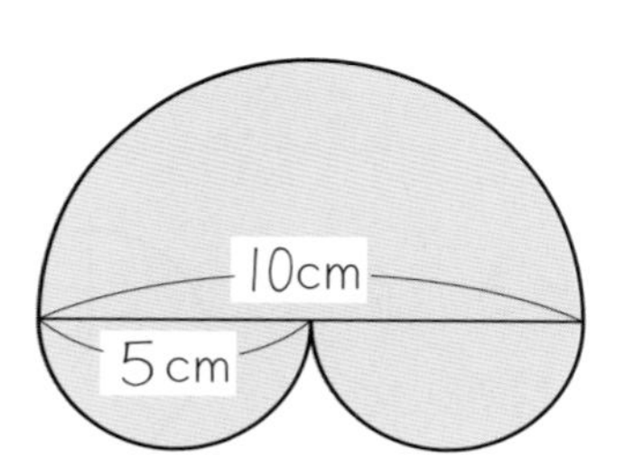

式

答え

③
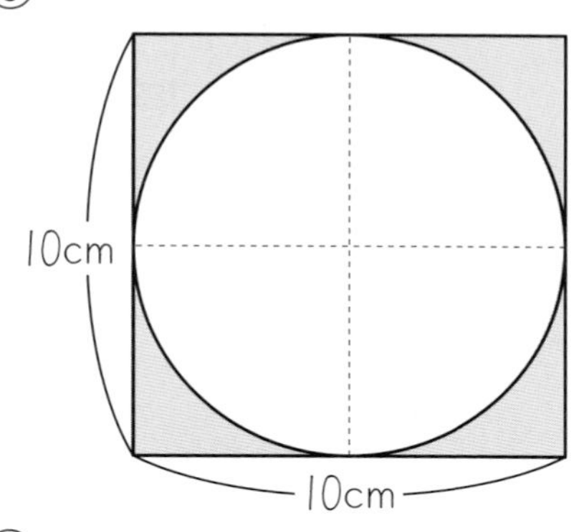

式

答え

④
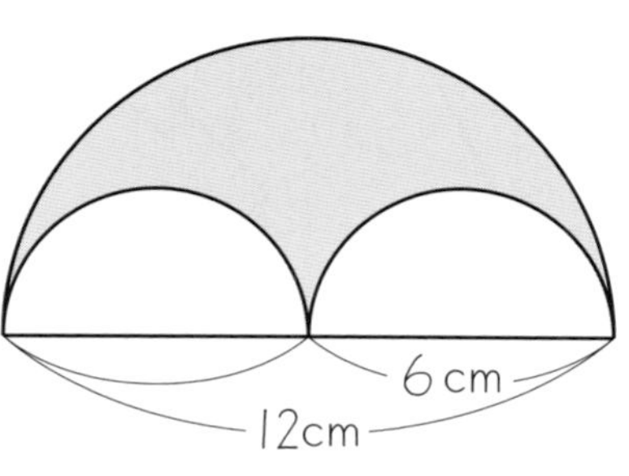

式

答え

月　日

対称な図形 (1)

名前

下の図のように色紙を２つに折って、形を切りぬき、広げました。

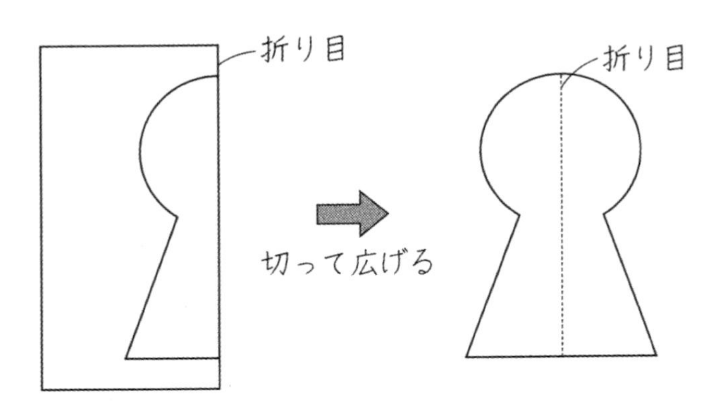

１本の直線を折り目にして折ったとき、両側がきちんと重なる図形を、**線対称な図形**(せんたいしょう) といいます。
また、折り目になる直線を **対称の軸**(じく) といいます。

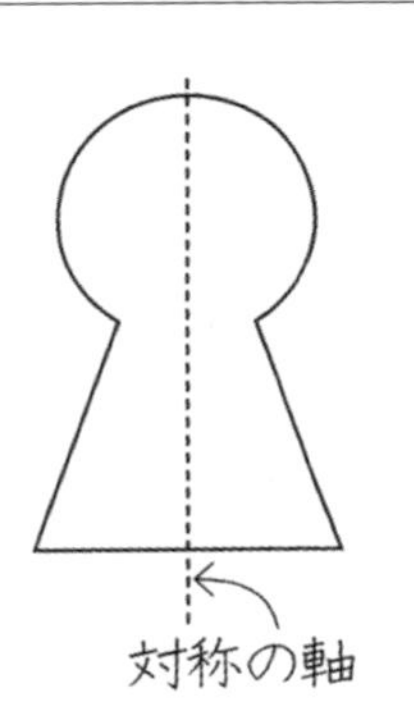

線対称な図形の記号をかきましょう。

あ

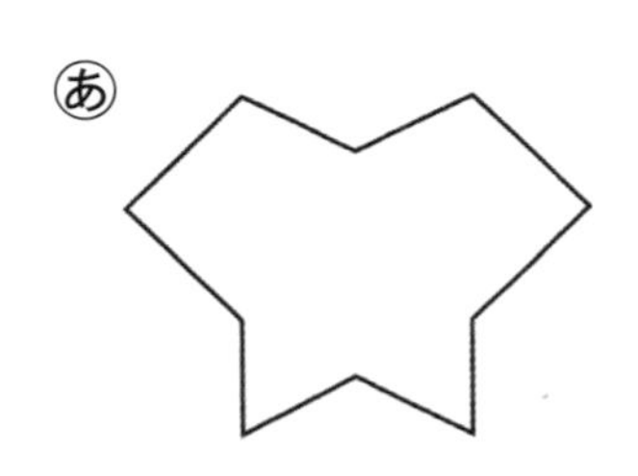

い

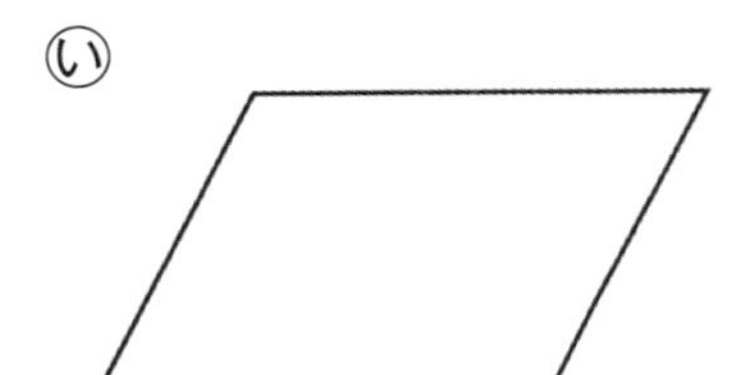

う

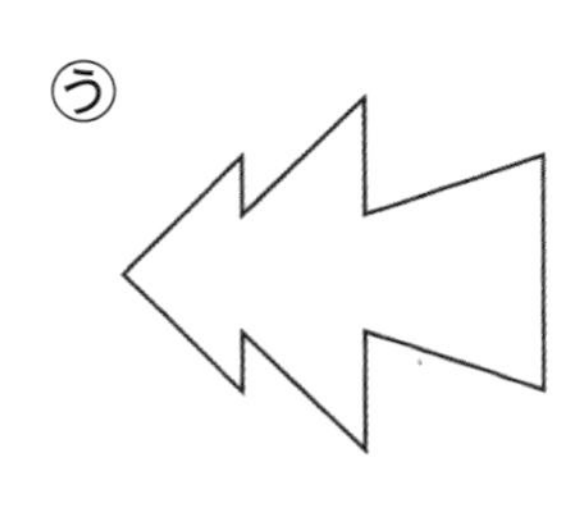

（　　　　　）

月　　日

対称な図形 (2)

名前

1 線対称な図形を対称の軸 AE で２つに折ります。

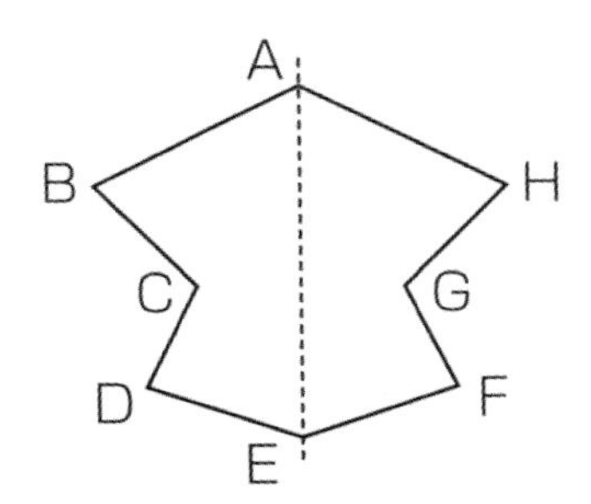

① 重なりあう点をかきましょう。

（点B と　　　　）

（点C と　　　　）

（点D と　　　　）

② 重なりあう角をかきましょう。

（角B と　　　　）（角C と　　　　）（角D と　　　　）

③ 重なりあう辺をかきましょう。

（辺AB と　　　　）（辺BC と　　　　）

（辺CD と　　　　）（辺DE と　　　　）

線対称な図形を対称の軸で折ったとき、きちんと重なりあう１組の点や角や辺を、**対応する点**、**対応する角**、**対応する辺** といいます。

2 次の線対称な図形で、対応する点をすべてかきましょう。

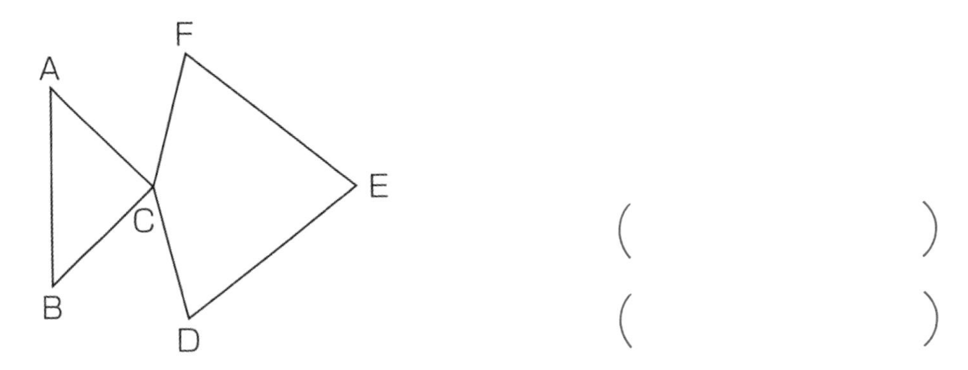

（　　　　）

（　　　　）

対称な図形 (3)

月　　日

名前

1 線対称な図形について調べましょう。

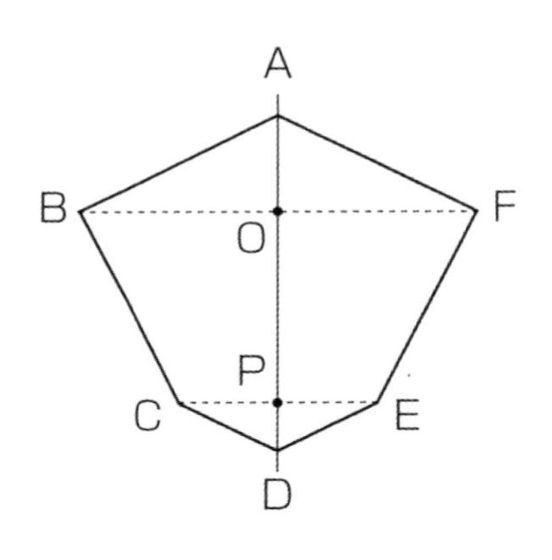

① 対称の軸と、対応する点を結んだ直線BFや、直線CEはどのように交わっていますか。

(　　　　　　　　　　)

② 直線BO、直線OFの長さを比べます。どうなっていますか。

(　　　　　　　　　　)

③ 直線CPと直線PEの長さはどうですか。

(　　　　　　　　　　)

> 線対称な図形では、対応する点を結ぶ直線は、対称の軸と直角に交わります。また、対称の軸から対応する点までの長さは等しくなります。

2 下の線対称な図形を見て、あとの問いに答えましょう。

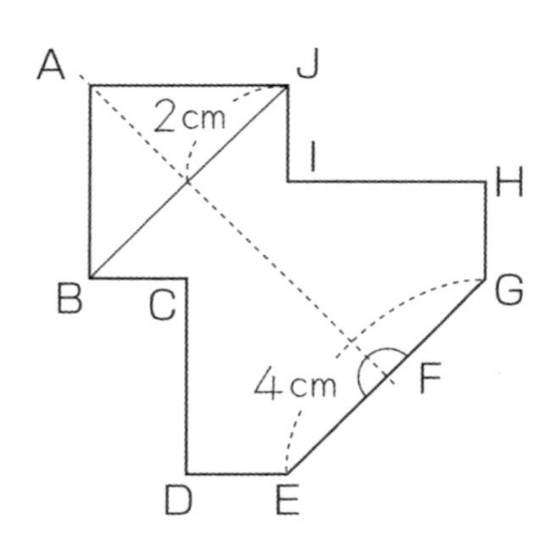

① 直線BJは何cmですか。

(　　　　　　)

② 直線EFは何cmですか。

(　　　　　　)

③ 角Fは何度ですか。

(　　　　　　)

対称な図形 (4)

線対称な図形を仕上げましょう。(直線ABは対称の軸)

①

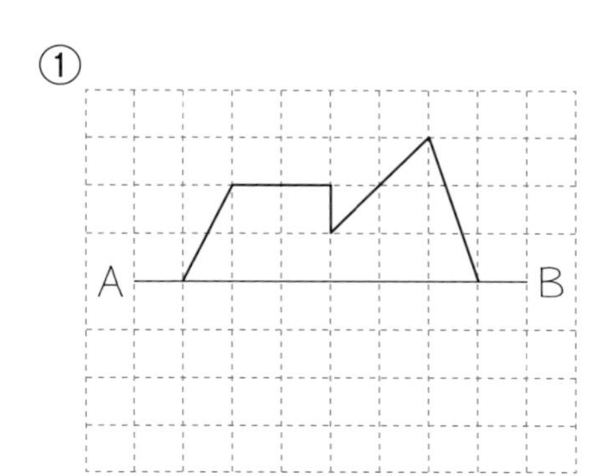

②

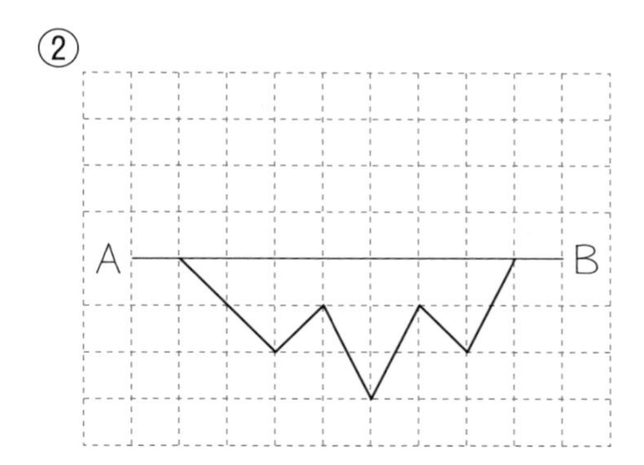

③

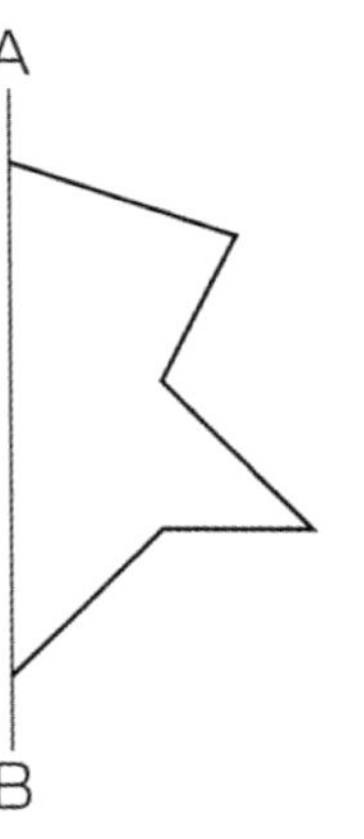

④

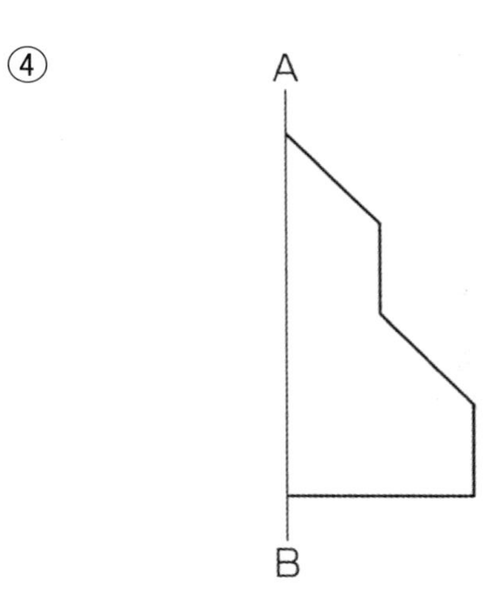

⑤

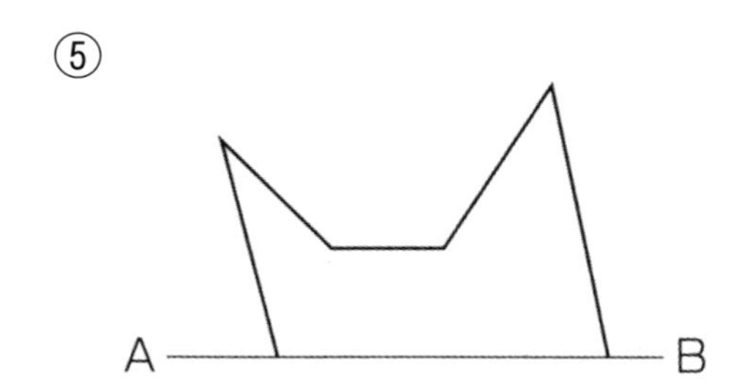

⑥

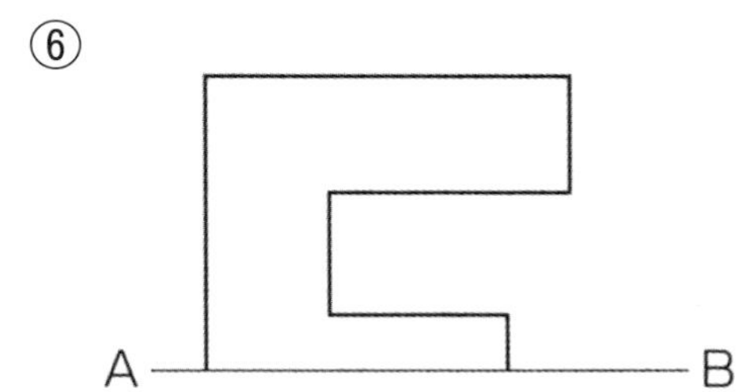

月　　日

対称な図形 (5)

名前

下の図形は線対称な図形です。対称の軸をかきましょう。
対称の軸は１本とは限りません。

①

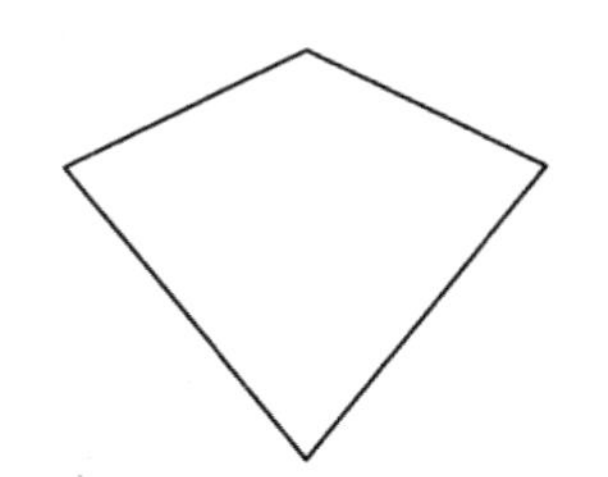

②

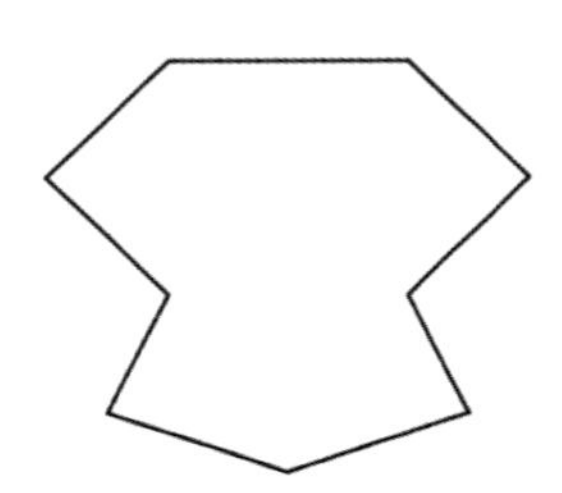

③

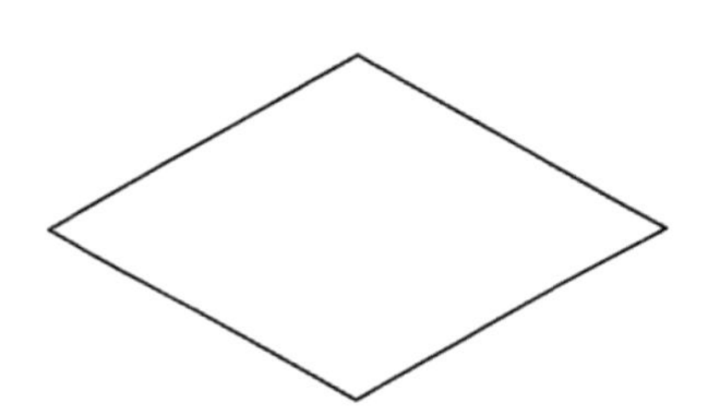

④

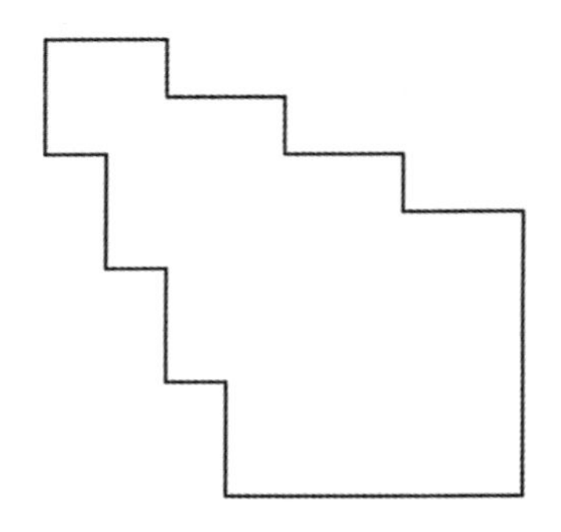

⑤

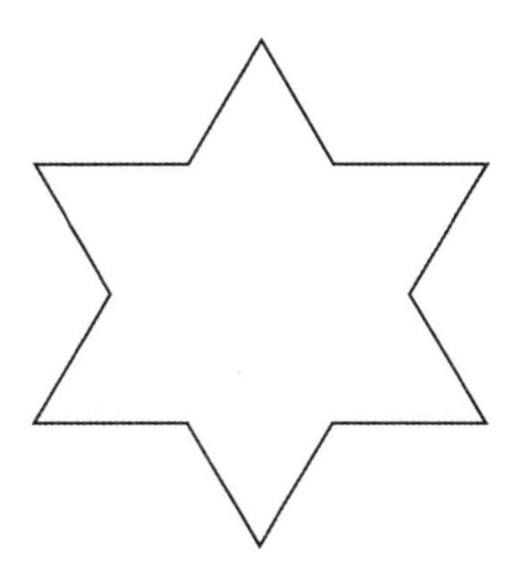

⑥

対称な図形 (6)

月　日

名前

1 下の図形を回転させてみましょう。

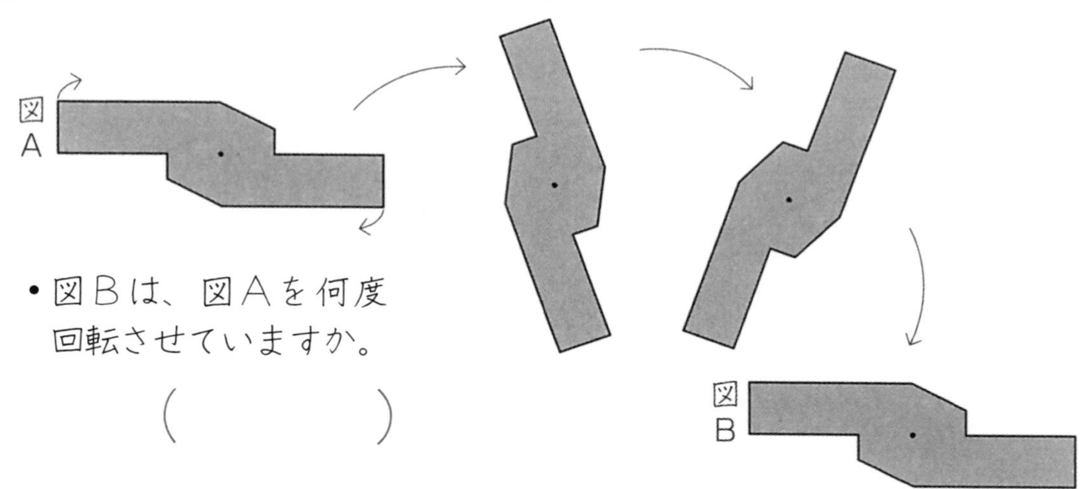

・図Bは、図Aを何度回転させていますか。

(　　　　)

ある点を中心にして180°回転させたとき、もとの図形ときちんと重なる図形を**点対称な図形**(てんたいしょう)といいます。
また、中心の点を**対称の中心**といいます。

2 下の点対称な図形を、点Oを中心にして、180°回転させたときの重なりについて調べましょう。

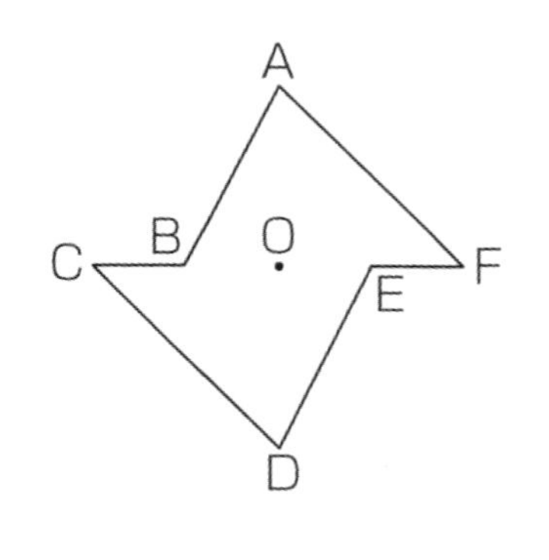

① 重なる点をかきましょう。

点Aと(　　　)、点Bと(　　　)

点Cと(　　　)

② 重なる辺をかきましょう。

辺ABと(　　　　)

辺BCと(　　　　)

辺CDと(　　　　)

③ 角BCDと重なる角をかきましょう。 (　　　　)

角CDEと重なる角をかきましょう。 (　　　　)

月　日

対称な図形 (7)

名前

1 点対称な図形について調べましょう。

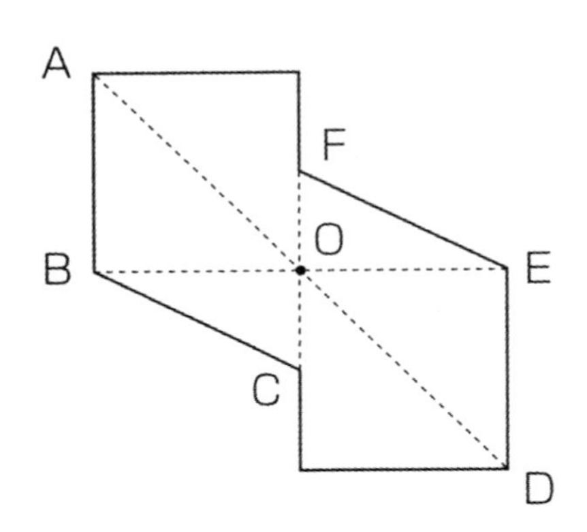

① 対応する点AとD、BとE、CとFを結びました。交わる点を何といいますか。

（　　　　　　　　）

② 対称の中心から対応する点までの長さはどのようになっていますか。

（　　　　　　　　）

点対称な図形では、対応する点を結ぶ直線は、対称の中心を通ります。また、対称の中心から対応する２つの点までの長さは等しくなります。

2 下の図は、点対称な図形です。点対称の中心を見つけ、Oとかきましょう。

①

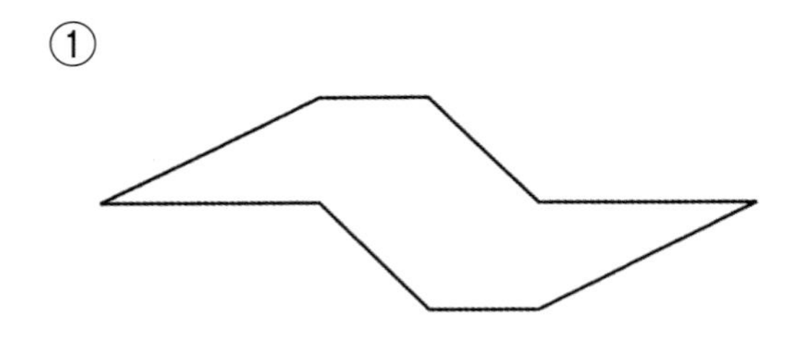

②

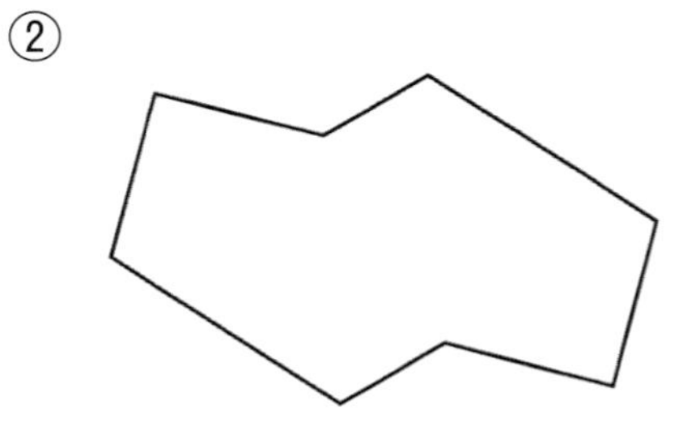

対称な図形 (8)

名前

月　日

点対称な図形をかきかけています。続きをかいて仕上げましょう。
点Oは対称の中心です。

①

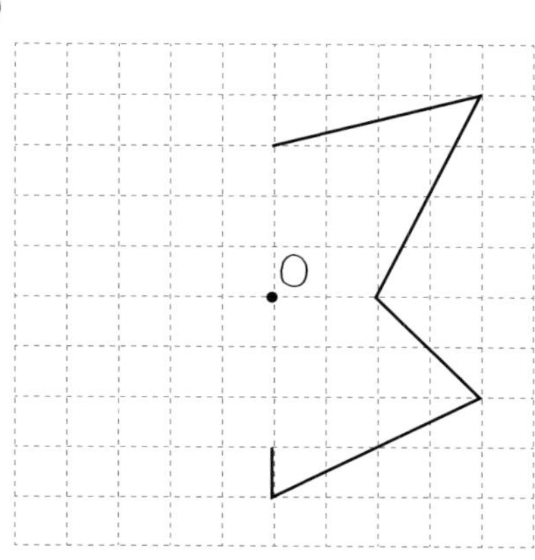

②

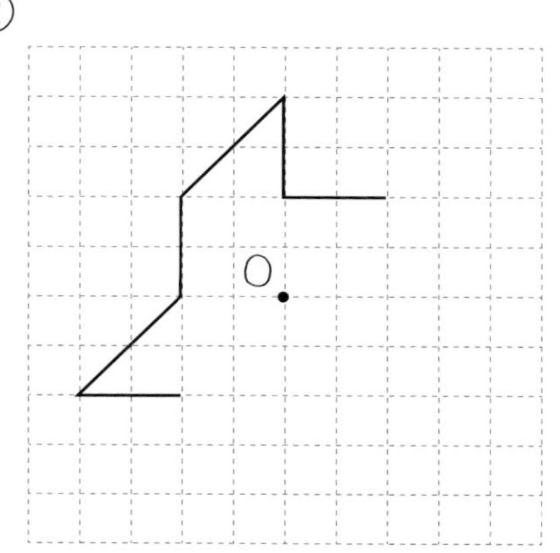

③

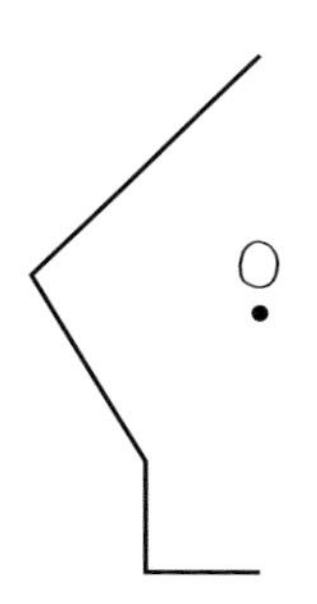

④

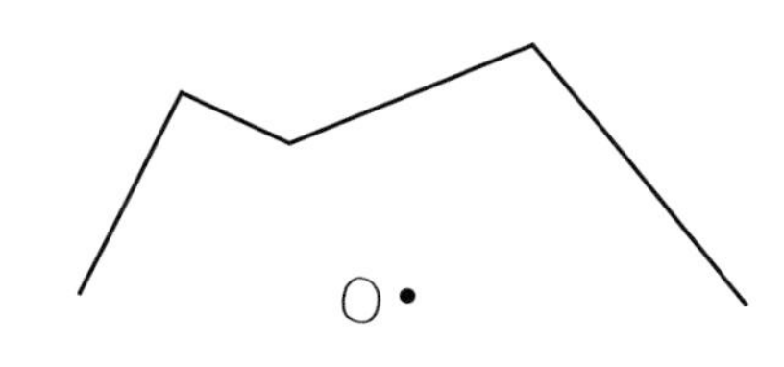

⑤

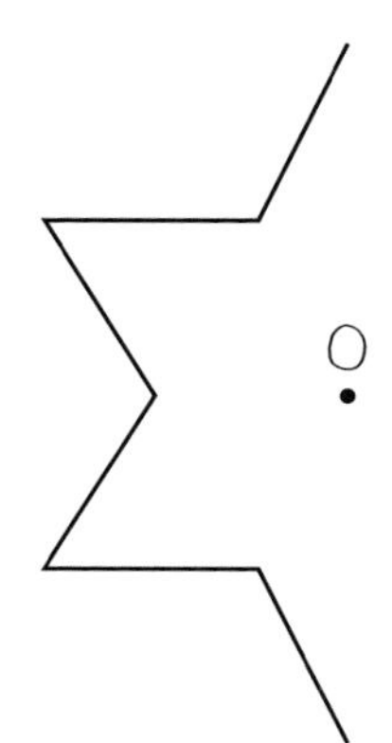

⑥

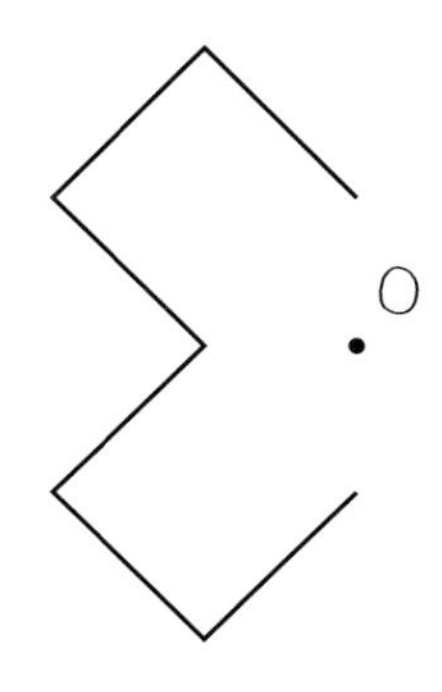

月　日

対称な図形 (9)

名前

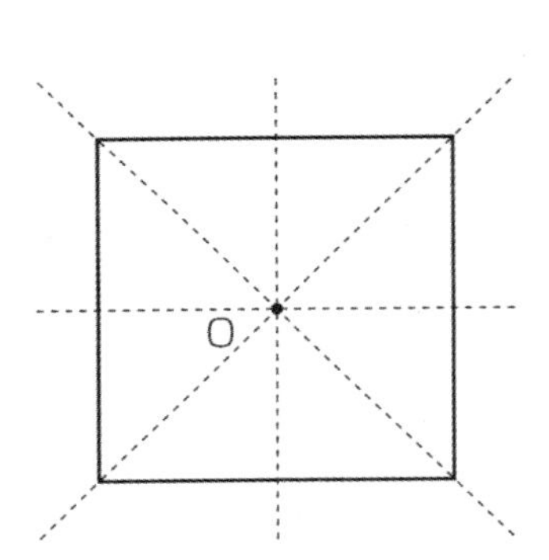

正方形は、線対称(せんたいしょう)な図形で対称の軸(じく)が4本あります。また、点Oを中心とする点対称な図形でもあります。

正多角形について、線対称な図形か、点対称な図形かを調べましょう。また、線対称のときは、対称の軸が何本あるかも調べ、下の表にまとめましょう。

① 正三角形

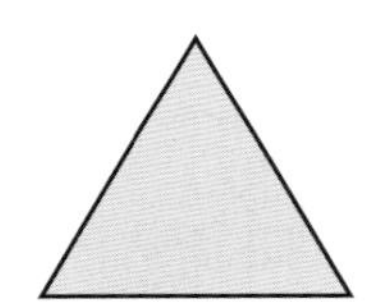

② 正四角形（正方形）

③ 正五角形

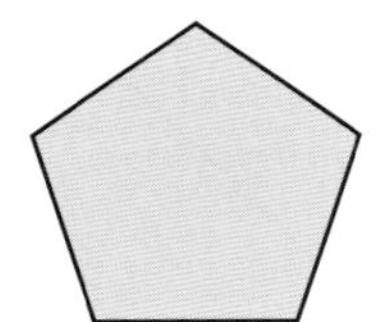

④ 正六角形

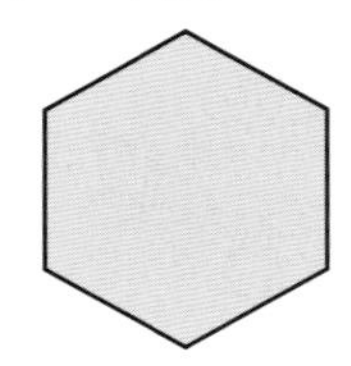

⑤ 正八角形

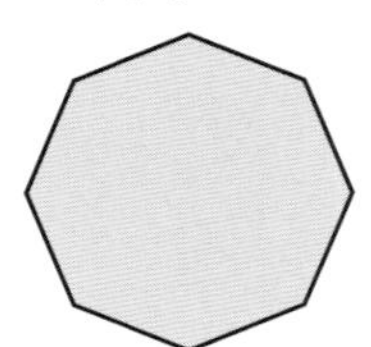

⑥ 正九角形

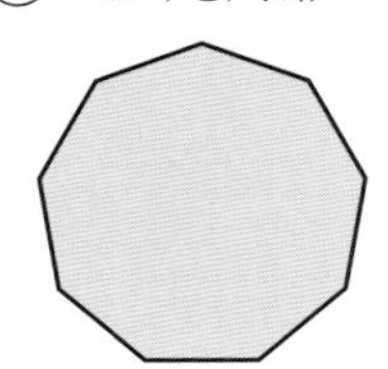

	線対称	軸の数	点対称
正三角形			×
正四角形（正方形）	○	4	○
正五角形			
正六角形			
正八角形			
正九角形			

対称な図形 ⑽

月　　日

名前

1　正方形は点対称な図形です。それを利用していろいろな図形をかいてみましょう。

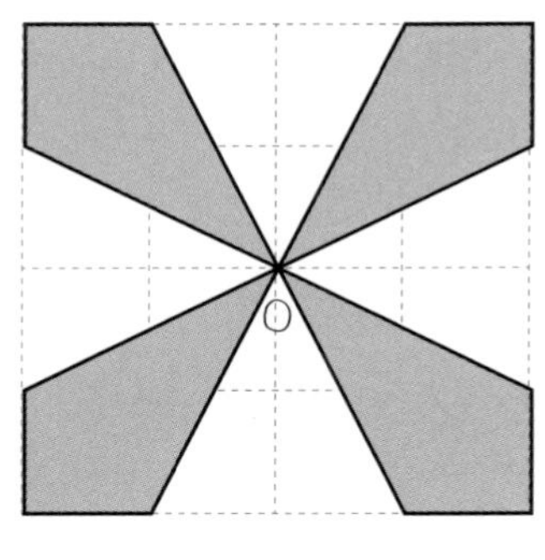

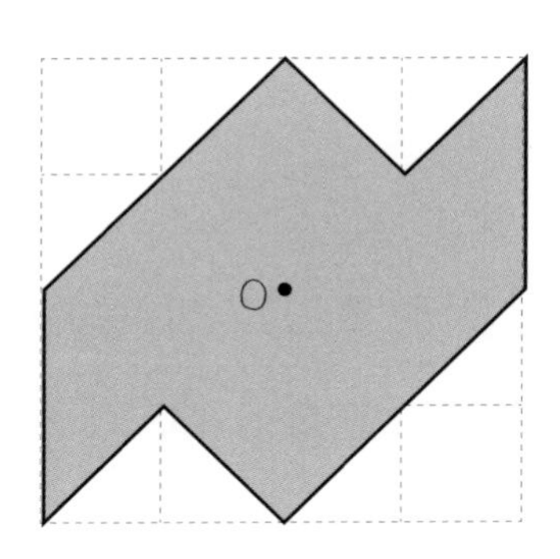

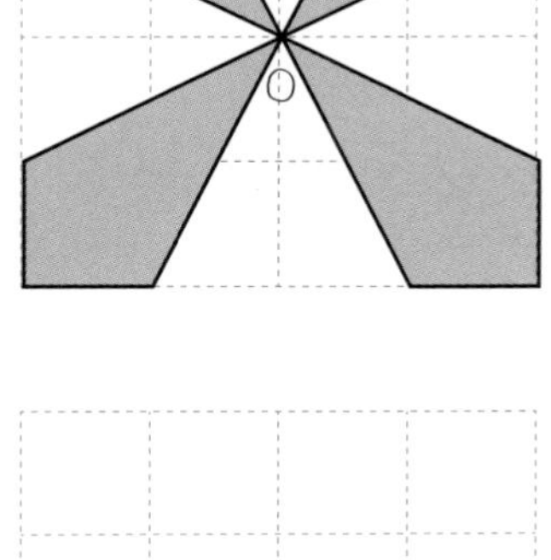

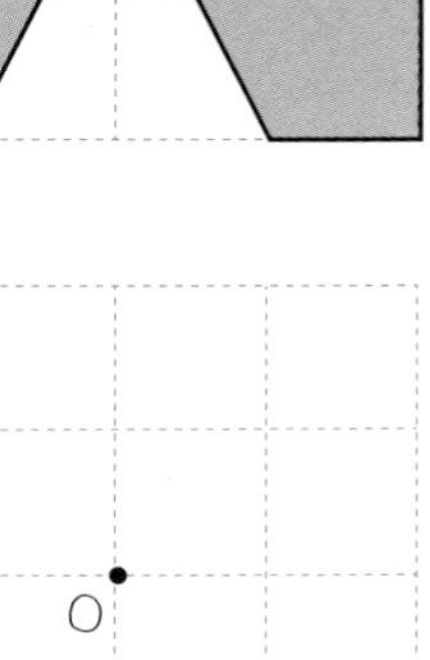

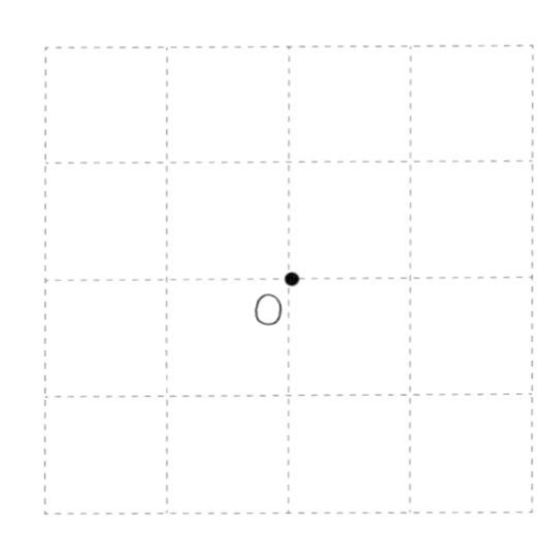

2　長方形を利用して、点対称な図形をかいてみましょう。

月　　日

名前

対称な図形 まとめ (11)

1 次の（　）に言葉をかきましょう。　（各５点）

線対称(せんたいしょう)な図形では、対応(たいおう)する点を結ぶ直線は、対称の軸(じく)と（①　　　　）に交わります。また対称の軸から対応する点までの長さは（②　　　　）なります。

点対称な図形では、対応する点を結ぶ直線は、（③　　　　）を通ります。また、③から対応する２つの点までの長さは、（④　　　　）なります。

2 線対称な図形と点対称な図形を仕上げましょう。
（直線ＡＢは対称の軸、点Ｏは対称の中心）　（各 20 点）

①

A

B

②

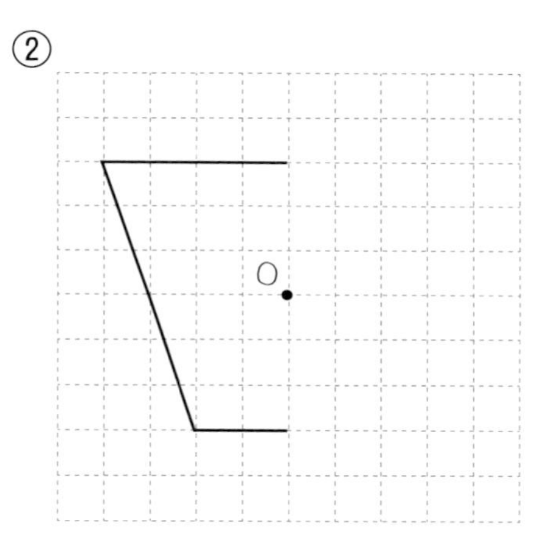

③

A　　B

④

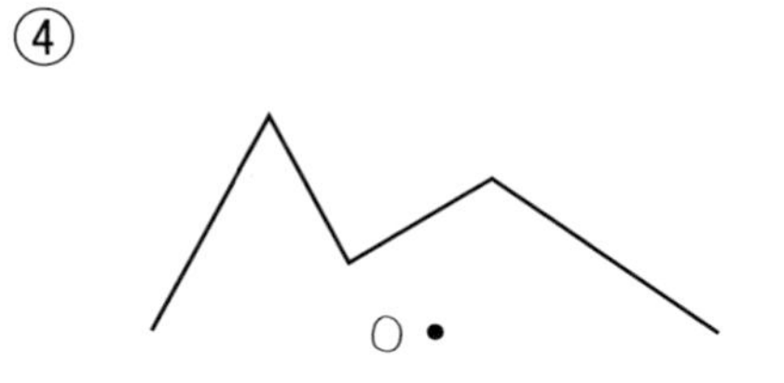

点

月　　日

対称な図形 まとめ ⑿

名前

1 線対称な図形には「線」、点対称な図形には「点」と（　）にかきましょう。また、対称の軸や対称の中心Oをかきましょう。

（（　）1つ10点、軸・中心5点）

①

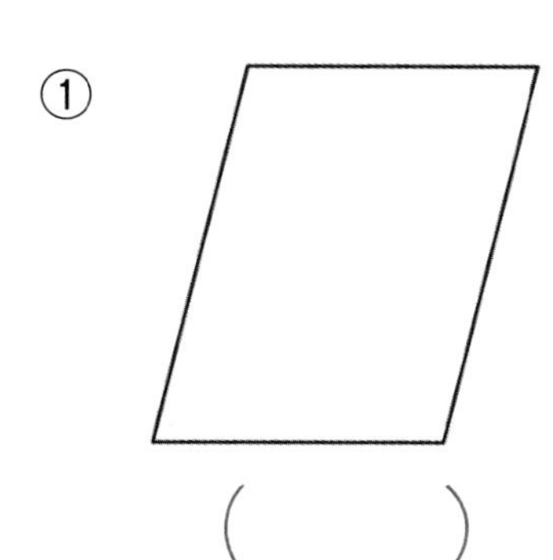

（　　　）

②

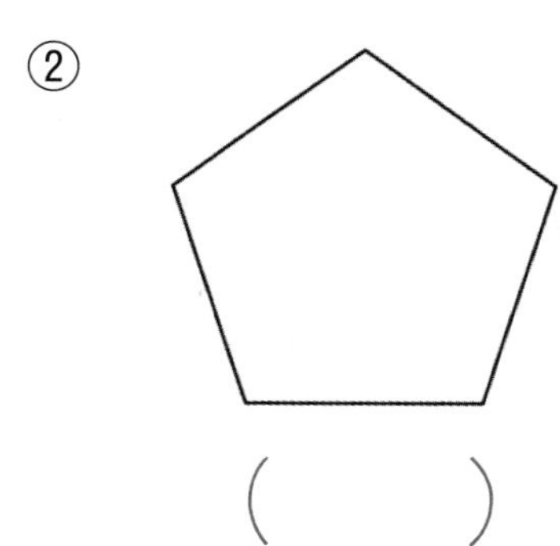

（　　　）

③

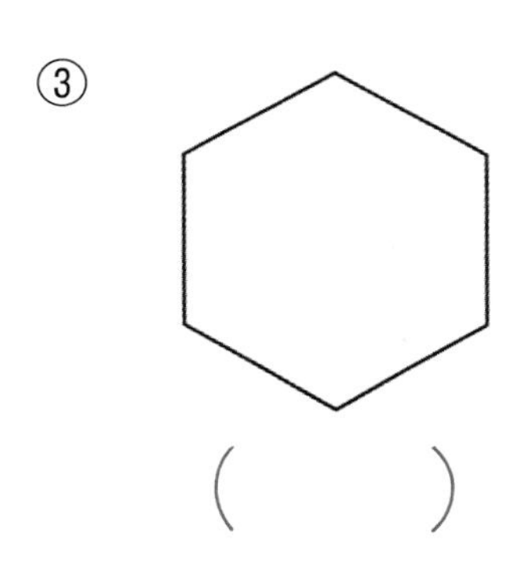

（　　　）

④

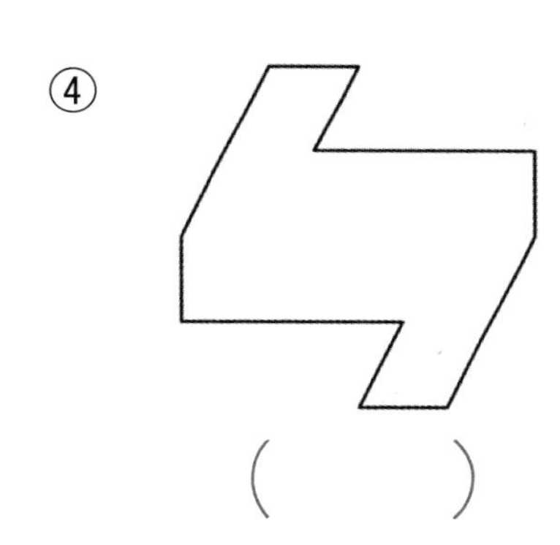

（　　　）

2 方眼を使って、線対称な図形、点対称な図形を１つずつつくりましょう。

（図形１つ20点）

点

比とその利用 (1)

名前　　　　月　　日

1　す小さじ２はいとサラダ油小さじ３ばいを混ぜて、ドレッシングをつくりました。おいしかったので、たくさんつくろうと思います。

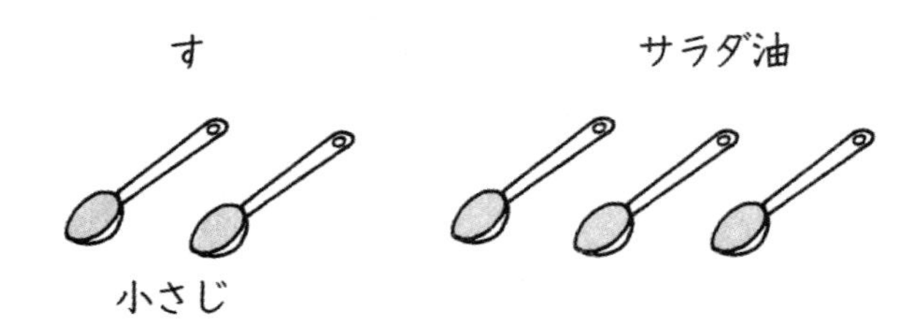

すを大さじ２はい入れました。サラダ油は、大さじ何ばい入れればよいですか。

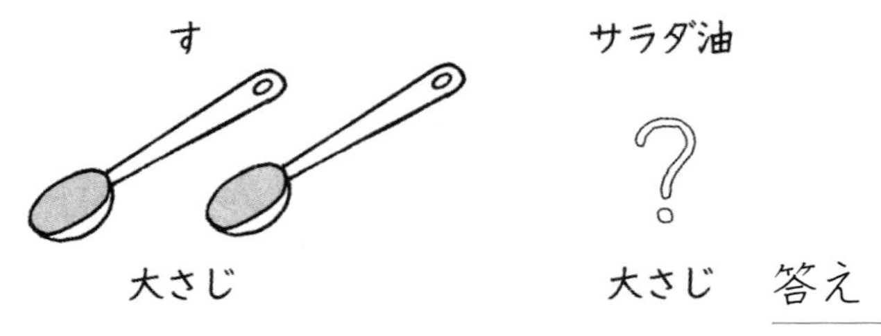

答え

すとサラダ油を２：３で混ぜれば、おいしいドレッシングができます。２：３は「二対三」と読みます。
また、このような表し方を 比（ひ） といいます。

2　１個160ｇのなしと、１個80ｇのみかんがあります。なしとみかんの重さの比はいくらですか。

答え

3　縦（たて）の長さが80cm、横の長さが120cmの旗があります。縦と横の長さの比は、いくらですか。

答え

4　お父さんの体重は65kg、みつおさんの体重は41kgです。お父さんとみつおさんの体重の比は、いくらですか。

答え

比とその利用 (2)

すとサラダ油の比が２：３のとき、すの量はサラダ油の量の何倍になっているか調べましょう。

比　２：３　　$2 \div 3 = \frac{2}{3}$　　$\frac{2}{3}$倍

比がＡ：Ｂで表されるとき、Ｂをもとにして、ＡがＢの何倍にあたるかを表した数を、Ａ：Ｂの **比の値**（ひのあたい） といいます。

Ａ：Ｂの比の値は、Ａ÷Ｂの商 $\frac{A}{B}$ となります。

次の比の値を求めましょう。

① １：２→　　② ４：５→

③ ９：14→　　④ １：３→

またドレッシングをつくり、１回目につくったものと混ぜました。

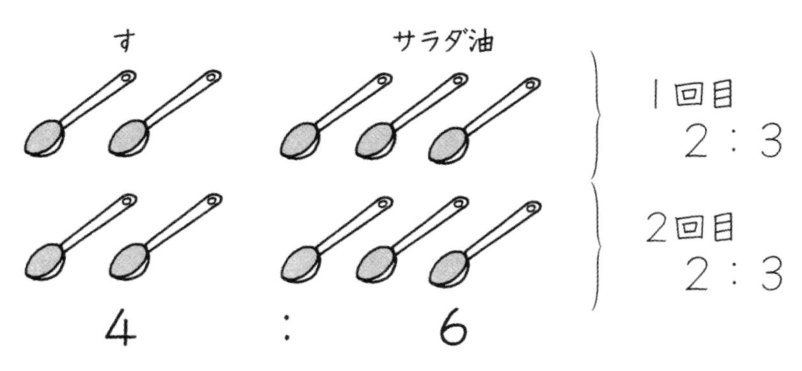

２つの比が同じ割合を表しているとき、２つの **比は等しい** といいます。

２：３＝４：６

また、２つの比が等しいときは、比の値が等しくなります。

$2:3 \rightarrow \frac{2}{3}$　　$4:6 \rightarrow \frac{4}{6} = \frac{2}{3}$

比とその利用 (3)

等しい比のつくり方

A：BのAとBに同じ数をかけたり、わったりします。

$2:3=4:6$ （×2、×2）　　$3:9=1:3$ （÷3、÷3）

✿ 等しい比をつくりましょう。

① 2：3＝4：□　　② 2：5＝4：□

③ 2：3＝80：□　　④ 2：5＝100：□

⑤ 3：7＝27：□　　⑥ 8：9＝120：□

⑦ 4：5＝□：75　　⑧ 6：8＝□：96

⑨ 9：3＝□：33　　⑩ 3：4＝□：120

⑪ 7：13＝□：143　　⑫ 14：9＝□：81

月　日

比とその利用 (4)

名前

比を、できるだけ小さい整数の等しい比にすることを、**比を簡単にする**といいます。

1 次の比を簡単にしましょう。

① $1.5:4.5=$　　② $0.9:7.2=$

③ $2.4:5.6=$　　④ $1.2:6=$

⑤ $0.5:2.1=$　　⑥ $3.6:0.4=$

⑦ $\frac{2}{5}:\frac{1}{2}=$　　⑧ $\frac{5}{12}:\frac{3}{8}=$

⑨ $\frac{4}{5}:\frac{3}{10}=$　　⑩ $\frac{5}{6}:\frac{3}{14}=$

⑪ $\frac{7}{12}:\frac{11}{18}=$　　⑫ $\frac{5}{12}:\frac{3}{16}=$

2 次の中から、2：3と等しい比の番号に○をしましょう。

① $20:45$　　② $24:36$　　③ $1:1.5$

④ $\frac{1}{3}:\frac{1}{2}$　　⑤ $21:31$　　⑥ $5:7.5$

月　日

比とその利用 (5)

名前

1 ひとしさんの学級園では、野菜畑と花畑の面積の比が８：５です。野菜畑の面積を $24m^2$ とすると、花畑の面積は何 m^2 ですか。

式

答え

2 山下さんと森さんが色紙を持っています。その枚数(まいすう)の比は６：７です。森さんが 28 枚持っているとすると、山下さん何枚持っていることになりますか。

式

答え

3 山中さんのお父さんは、山中さんと弟に色紙を 60 枚買ってくれました。山中さんと弟はその色紙を７：５の割合(わりあい)で分けました。ふたりはそれぞれ何枚もらいましたか。

式

答え

4 大田さんの学校には 459 人の生徒がいて、男女の比は５：４です。それぞれ何人いますか。

式

答え

月　日

比とその利用 (6)

名前

1 コーヒーと牛乳(ぎゅうにゅう)を混ぜて、コーヒー牛乳をつくります。混ぜる割合は3：4です。コーヒー牛乳を210mLにするには、コーヒー、牛乳をそれぞれ何mL混ぜるとよいですか。（コーヒー：牛乳）

式

答え

2 長さ4mのロープがあります。このロープを長さの比が3：5となるように分けます。何cmと何cmに分けるとよいですか。

式

答え

3 けんたさんが360円、たつやさんが480円出して色えんぴつを14本買いました。

① けんたさんとたつやさんの出したお金の割合を簡単(かんたん)な比で表しましょう。

答え

② けんたさんとたつやさんの出したお金の割合で、色えんぴつを分けると、それぞれ何本になりますか。

式

答え

月　日

比とその利用 まとめ ⒀

名前

1 次の比を、簡単(かんたん)な比にしましょう。 (各5点)

① 18：6

② 36：48

③ 2.4：0.8

④ 3.5：1.4

⑤ $\frac{7}{12}:\frac{5}{18}$

⑥ $\frac{11}{15}:\frac{3}{10}$

2 次の比の値を、できるだけ簡単な分数で表しましょう。 (各5点)

① 12：16 →

② 42：51 →

③ $\frac{2}{3}:\frac{4}{9}$ →

④ 3.2：4 →

3 兄と弟の持っているお金の比は、8：5です。兄は2000円持っています。弟は何円持っていますか。 (式15点、答え10点)

式

答え

4 ある学校の男子と女子の人数の比は、5：6です。学校の人数は605人です。男子の人数と女子の人数はそれぞれ何人ですか。

(式15点、答え10点)

式

答え

点

月　　日

比とその利用 まとめ ⑽

名前

1 等しい比をつくりましょう。（各５点）

① 10：5＝2：□　　② 18：24＝3：□

③ 9：6＝3：□　　④ 4：12＝1：□

⑤ 12：8＝□：4　　⑥ 56：72＝□：9

2 次の比を簡単な比にしましょう。（各５点）

① 0.9：0.3　　② 0.5：1.5

③ $\frac{2}{3}:\frac{1}{4}$　　④ $\frac{1}{4}:\frac{3}{8}$

3 24 mのロープを、3：5の長さになるように分けます。何mと何mになりますか。（式 15 点、答え 10 点）

式

答え

4 1周すると 90 mの長方形の池があります。池の縦（たて）と横の長さの比は2：3です。それぞれの長さを求めましょう。（式 15 点、答え 10 点）

式

答え

点

拡大と縮小 (1)

月　日

名前

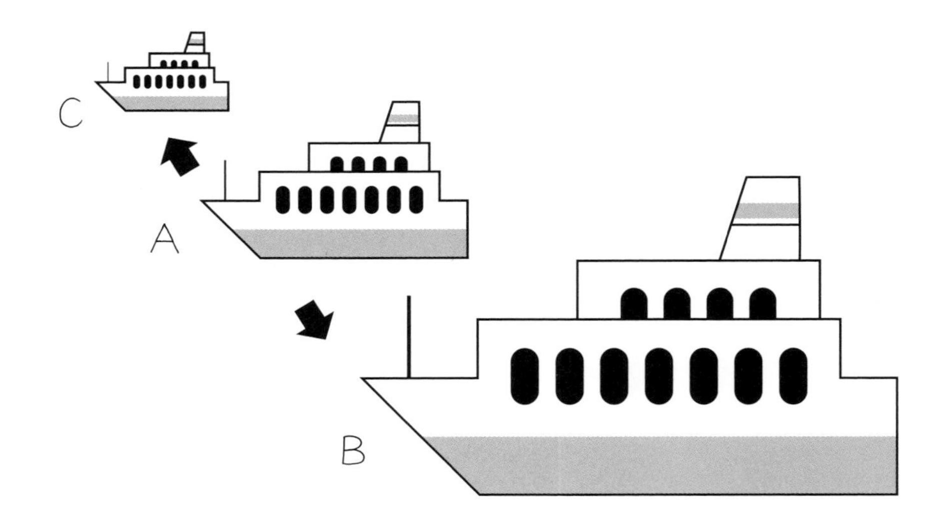

Aの船の図を形を変えないで大きくしました。これを **拡大**（かくだい） するといいます。BはAの **拡大図** です。
Cは、船の図を形を変えないで小さくしました。これを **縮小**（しゅくしょう） するといいます。CはAの **縮図** です。

どの部分の長さも２倍にした図を「**２倍の拡大図**」といいます。
どの部分も $\frac{1}{2}$ に縮（ち ぢ）めた図を「**$\frac{1}{2}$ の縮図**」といいます。

下の図の「２倍の拡大図」を右にかきましょう。

月　　日

拡大と縮小 (2)

名前

1 右の図は、左の図の拡大図です。あとの問いに答えましょう。

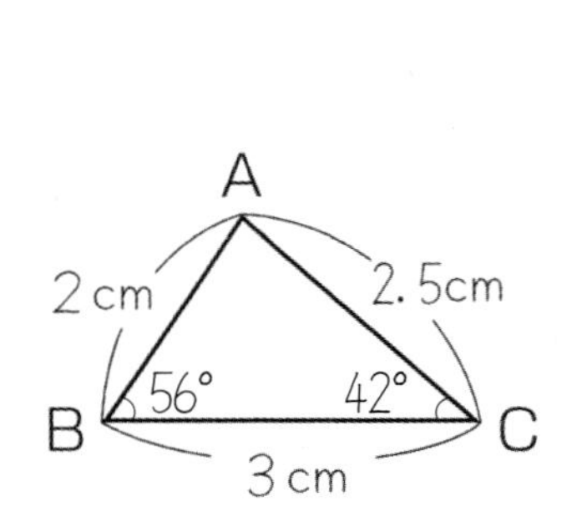

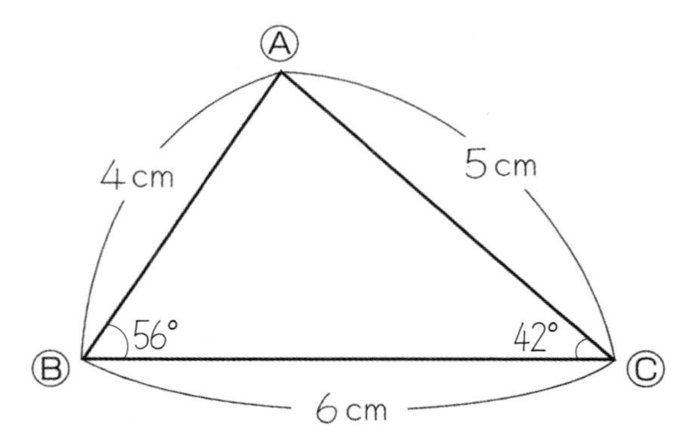

① 対応(たいおう)する辺の長さの比を簡単(かんたん)な比で表しましょう。

㋐ 辺AB：辺ⒶⒷ＝　　　：

㋑ 辺BC：辺ⒷⒸ＝　　　：

㋒ 辺CA：辺ⒸⒶ＝　　　：

② 対応する角の大きさをかきましょう。

㋐ 角B（　　　）と角Ⓑ（　　　）

㋑ 角C（　　　）と角Ⓒ（　　　）

拡大図や縮図では、対応する辺の長さの比は、すべて等しくなります。また、対応する角の大きさは同じです。

2 次の２つの図の対応する辺の長さの比を簡単な比で表しましょう。

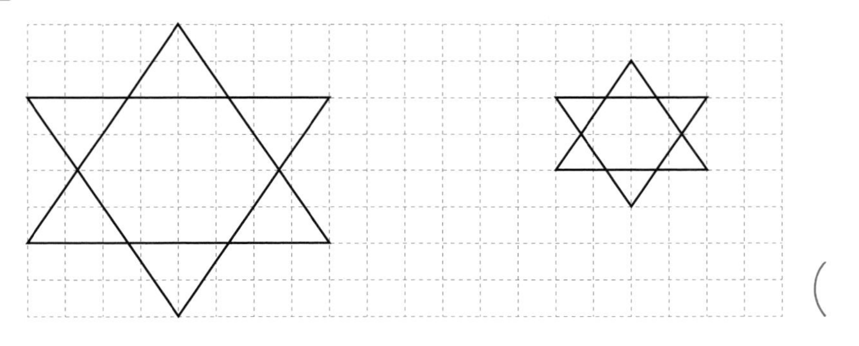

（　　　　　　）

拡大と縮小 (3)

名前　　　　月　　日

✿ 下の図の拡大図(かくだいず)や縮図(しゅくず)をかきましょう。

① 2倍の拡大図　$\frac{1}{2}$の縮図

② 2倍の拡大図

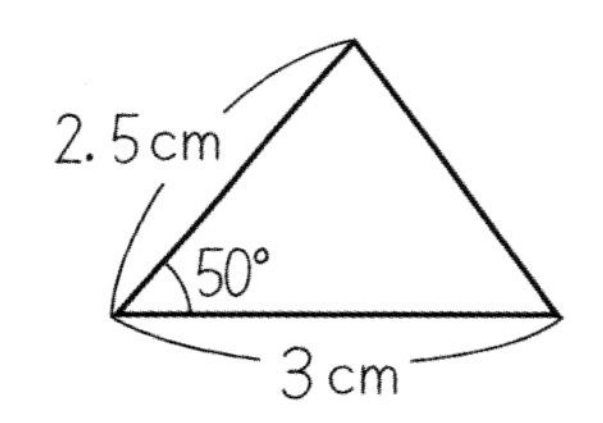

③ $\frac{1}{4}$の縮図

50°
60°
8cm

拡大と縮小 (4)

名前

1 下の四角形の２倍の拡大図と$\frac{1}{2}$の縮図を、頂点(ちょうてん)Aを中心にしてかきましょう。

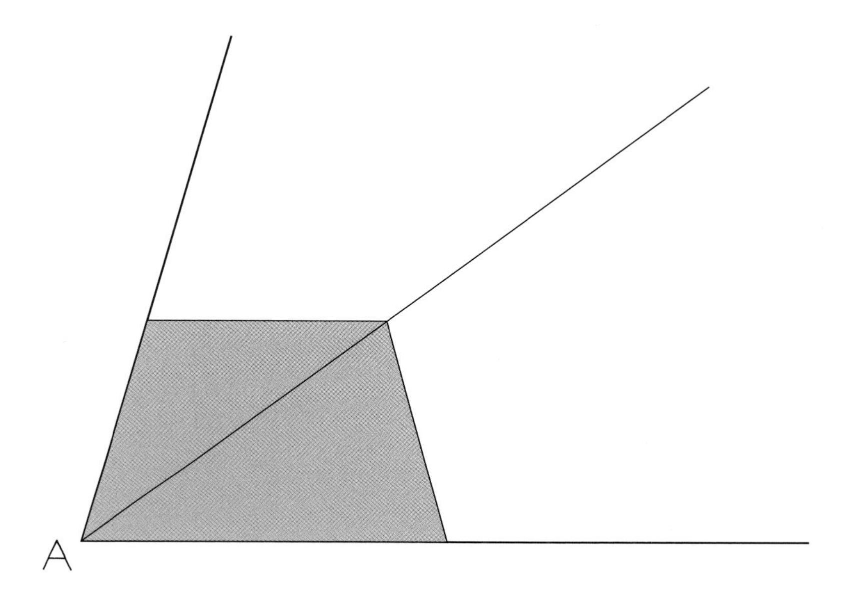

2 下の四角形の２倍の拡大図を点O（四角形の中のどこでもよい）を中心にしてかきましょう。

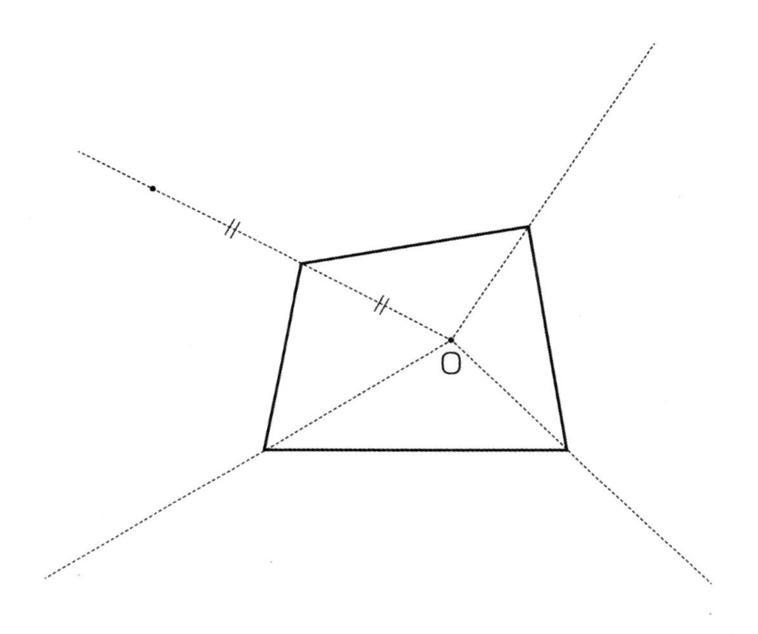

拡大と縮小 (5)

月　日

名前

縮図(しゅくず)で長さを縮(ちぢ)めた割合(わりあい)を **縮尺(しゅくしゃく)** といいます。

1 縦(たて)が 25m あるプールの縮図をかきました。
縮尺を比で求めましょう。

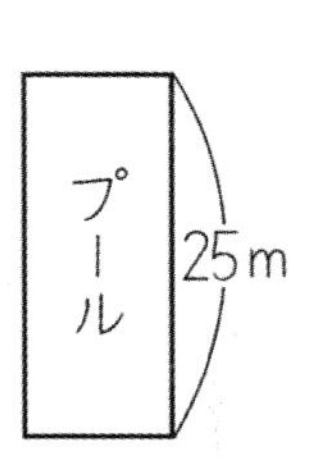

縮図上の長さ：実際の長さ

25mm　：　25m　＝25mm：25000mm

＝　1　：(　　　　)

上のプールの図の縮尺は **1：1000** です。**縮尺 $\frac{1}{1000}$** ともいいます。

2 右の図は、学校の縮図です。

① この図の縮尺を求めましょう。

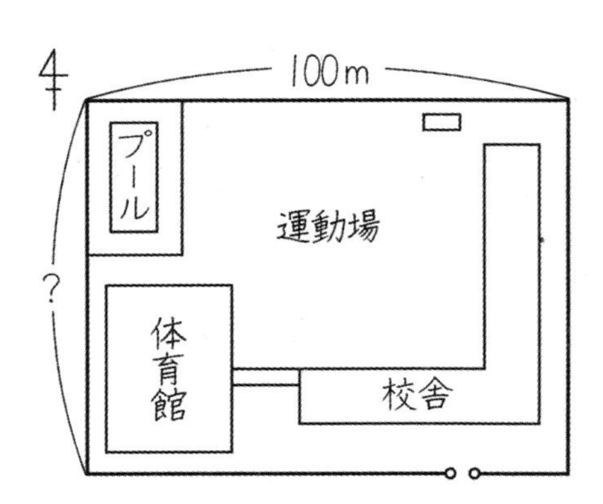

答え

② 実際の土地の縦の長さと東側の校舎の縦の長さを求めましょう。

学校の縦

校舎の縦

拡大と縮小 (6)

月　日

名前

1　右の図は川はばBCを求めるためにかいた縮図です。
ABの実際の長さは15mです。

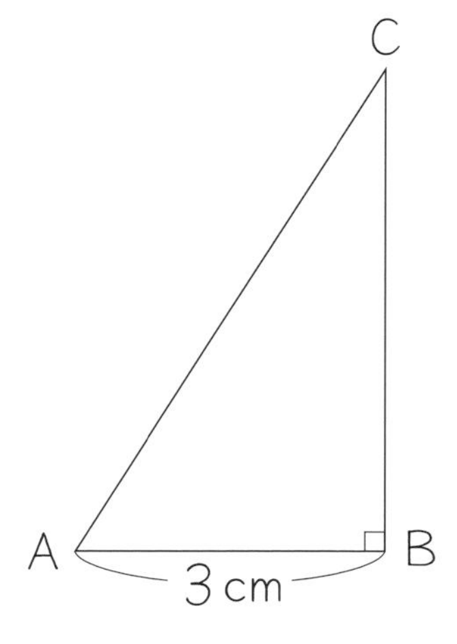

①　この縮図は何分の一の縮図ですか。

答え

②　縮図BCの長さをはかり、実際の川はばを求めましょう。

式

答え

2　地図では、右のような方法で縮尺を表すことがあります。

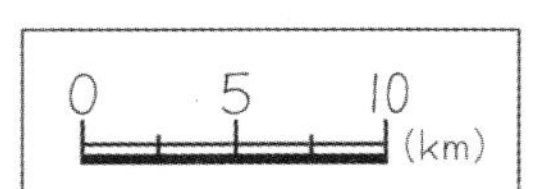

①　縮尺はいくらですか。

答え

②　地図上で5cmのきょりは実際には、何kmありますか。

答え

③　20kmは、この地図では何cmになりますか。

答え

月　日

拡大と縮小 (7)

名前

実際に長さを測るのがむずかしいところでも、縮図(しゅくず)をかいて、およその長さを求めることができます。

1 $\frac{1}{1000}$の縮図で、川はばの実際の長さを求めましょう。

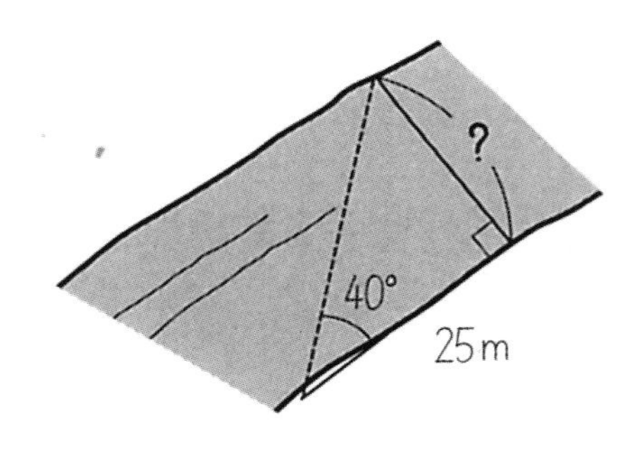

答え　約

2 校舎の高さをはかろうと思い、校舎から10mはなれたところから見上げると右の図のようになりました。

校舎の高さはおよそ何mですか。

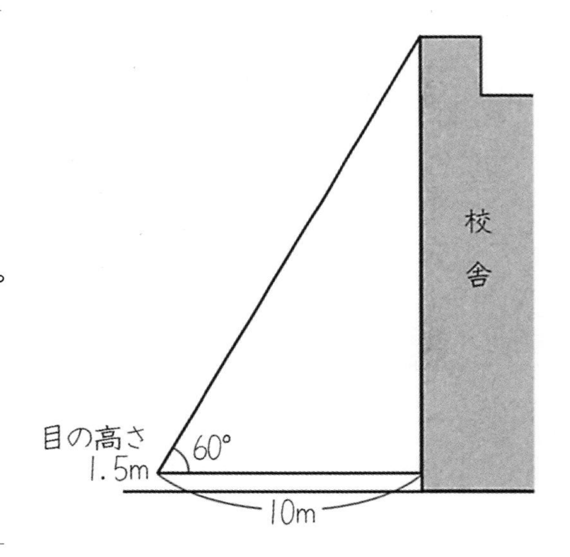

答え

3 ビルの高さが知りたいと思い、ビルから100mはなれたところからビルの上を見上げると50°ありました。このビルの高さはおよそ何mですか。縮図をかいて求めましょう。目の高さは無視(むし)します。

答え

月　日

拡大と縮小 (8)

名前

1 実際の長さが300mで縮尺(しゅくしゃく)が$\frac{1}{5000}$のとき、縮図上の長さを求めましょう。

式

答え

2 実際の長さが25kmで、縮尺が1：200000のとき、縮図上の長さを求めましょう。

式

答え

3 実際の長さが10kmで、縮図上の長さが1cmのときの、縮尺を求めましょう。

式

答え

4 実際の長さが50mで、縮図上の長さが5cmのときの、縮尺を求めましょう。

式

答え

5 縮尺$\frac{1}{2000}$の縮図上で、7cmの長さは、実際何mになりますか。

式

答え

6 縮尺1:100000の縮図上で、9cmの長さは実際何kmになりますか。

式

答え

拡大と縮小 まとめ ⒂

名前

1 絵の2倍の拡大図をかきましょう。 (30点)

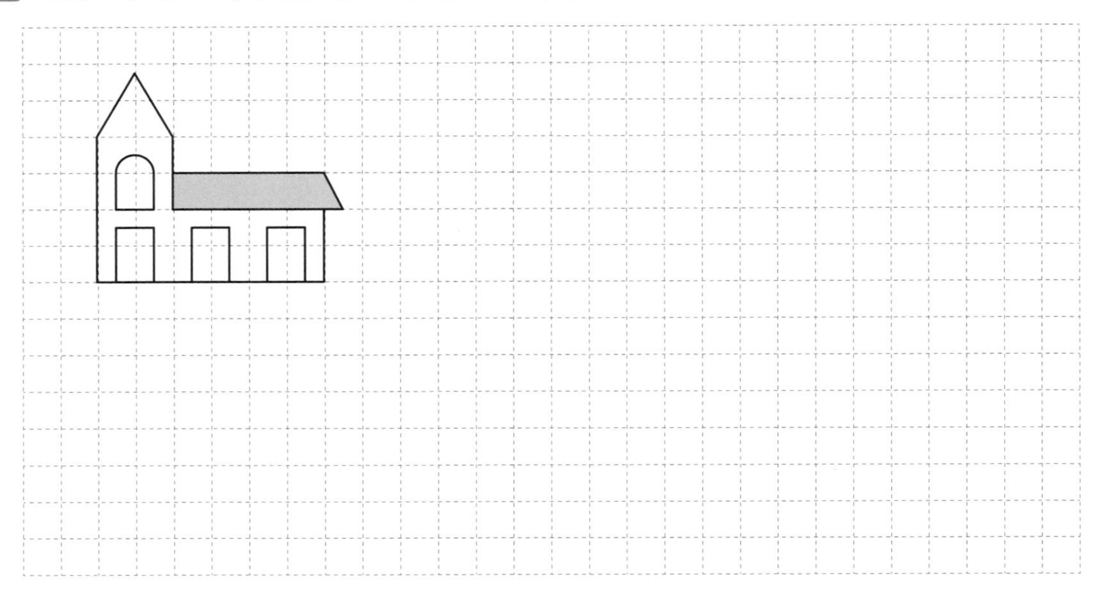

2 三角形の$\frac{1}{2}$の縮図をかきましょう。 (30点)

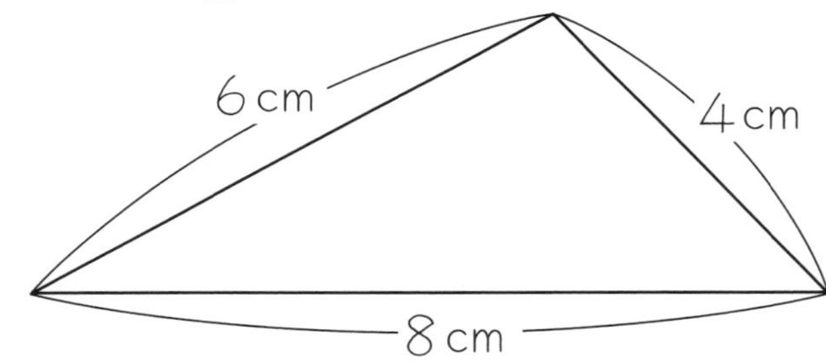

3 実際の長さが5kmで、縮図上の長さが10cmのときの縮尺を求めましょう。 (式、答え各10点)

式

答え

4 縮尺が$\frac{1}{100000}$の縮図上で、6cmの長さは実際何kmになりますか。 (式、答え各10点)

式

答え

点

拡大と縮小 まとめ ⑯

名前

月　日

1 いろいろな地図の実際の長さを求めましょう。 （式、答え各 10 点）

① 2000 分の一の地図で１cm

式

答え

② 10000 分の一の地図で２cm

式

答え

③ 25000 分の一の地図で３cm

式

答え

④ 50000 分の一の地図で４cm

式

答え

2 右の図は AC の長さを求めるためにかいた縮図です。AB の実際の長さは 18m です。AC の実際の長さを求めましょう。 （式、答え各 10 点）

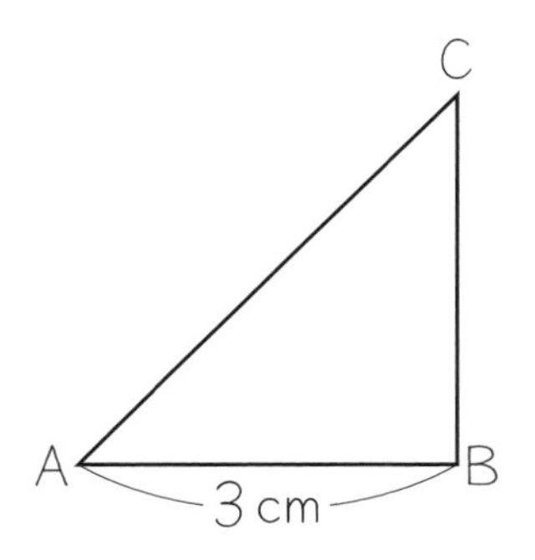

式

答え

点

月　日

比例と反比例 (1)

名前

次の表は、空の水そうに水を入れたときの水の量 x（エックス） Lと、水の深さ y（ワイ） cm の関係を表したものです。

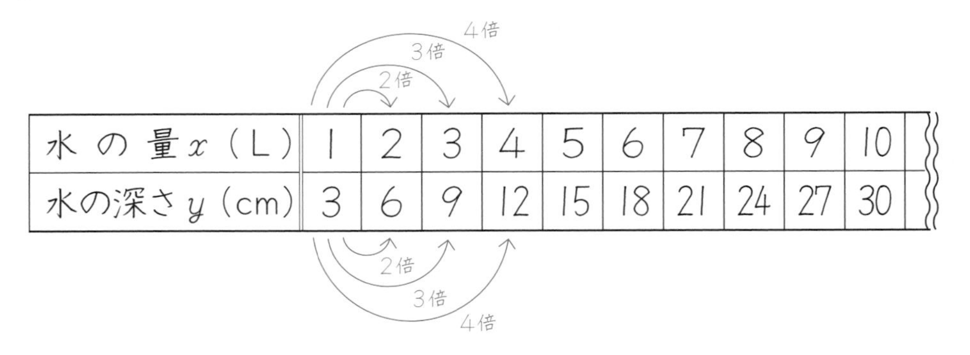

水の量 x（L）	1	2	3	4	5	6	7	8	9	10
水の深さ y（cm）	3	6	9	12	15	18	21	24	27	30

2つの量 x と y があって、x の値（あたい）が2倍、3倍、……になると、それに対応（たいおう）する y の値も2倍、3倍、……になるとき、x は y に**比例（ひれい）する** といいます。

✿ 上の表は、x が $\frac{1}{2}$、$\frac{1}{3}$ になると、それに対応する y は、どのように変わっていきますか。①、②に数を入れましょう。

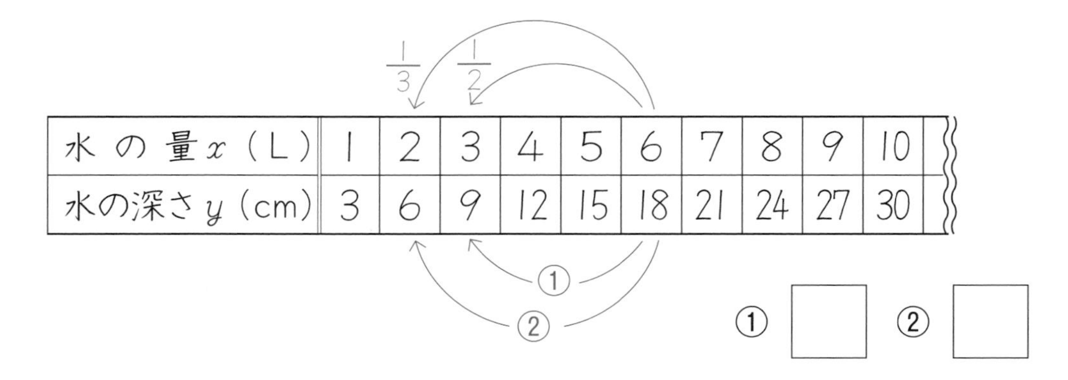

水の量 x（L）	1	2	3	4	5	6	7	8	9	10
水の深さ y（cm）	3	6	9	12	15	18	21	24	27	30

① □　② □

比例する2つの量は、1つの量の値が、$\frac{1}{2}$、$\frac{1}{3}$…になると、それに対応するもう1つの量の値も、$\frac{1}{2}$、$\frac{1}{3}$…になります。

比例と反比例 (2)

月　日

名前

1 水そうに水を入れたときの水の量と水の深さの表です。

① 水の量 x を何倍すると、水の深さ y になりますか。

水の量 x (L)	1	2	3	4	5	6	7	8	9
水の深さ y (cm)	3	6	9	12	15	18	21	24	27

1×(　　　)=3

2×(　　　)=6　　　x×(　　　)=y

② 水の深さ y を、そのときの水の量 x でわると、どうなりますか。

水の量 x (L)	1	2	3	4	5	6	7	8	9
水の深さ y (cm)	3	6	9	12	15	18	21	24	27

3÷1=(　　　)　　　y÷x=(　　　)

6÷2=(　　　)

9÷3=(　　　)

yがxに比例するとき、xとyの関係は

y = 決まった数 × x

という式に表すことができます。

2 下の表のxとyは比例します。空らんに、数を入れましょう。またxとyの関係を式に表しましょう。

①

x	1	2	3	4	5	6
y	1.5					9

② (　　　　　　　　)

比例と反比例 (3)

月　日

名前

下の表を仕上げ、またxとyの関係を式に表しましょう。

① 正方形の1辺の長さx cmと、周りの長さy cm

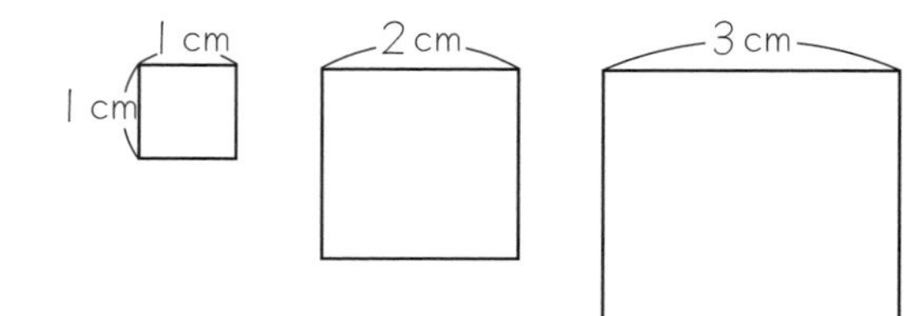

1辺の長さx (cm)	1	2	3	4	5	
周りの長さy (cm)						

$y=$

② 1mあたり2.5kgの鉄の棒(ぼう)があります。鉄の棒の長さx mと重さy kg

鉄の棒の長さx (m)	1	2	3	4	5	
鉄の棒の重さy (kg)						

$y=$

③ 1冊(さつ)125円のノートを買うときの冊数xとその代金y

冊　数　x (冊)	1	2	3	4	5	
代　金　y (円)						

$y=$

④ 時速45kmで走る自動車の走った時間xとその道のりy

走った時間x (時間)	1	2	3	4	5	
走った道のりy (km)						

$y=$

月　日

比例と反比例 (4)

名前

次の表は、空の水そうに水を入れたときのようすを表しています。
水を x 分間入れたときの水の深さは y cm になります。この x と y の値(あたい)の組を、グラフに表しましょう。

時　間 x（分）	0	1	2	3	4	5	6
深　さ y（cm）	0	2	4	6	8	10	12

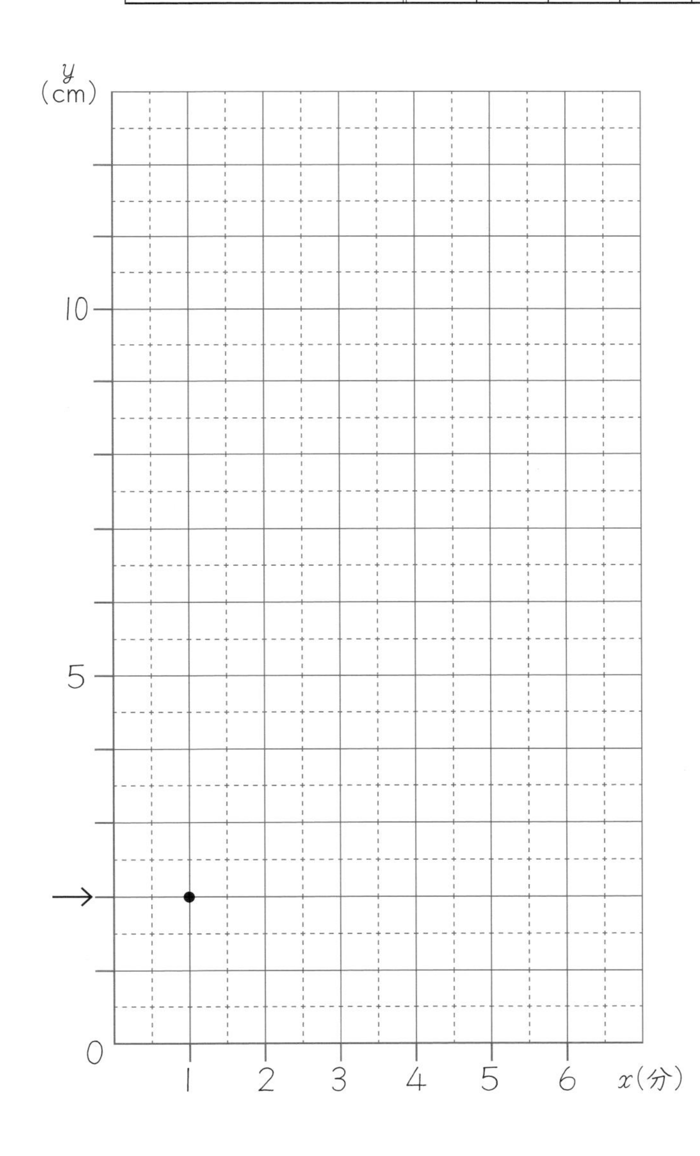

グラフにするとき

① 横軸(よこじく)と縦軸(たてじく)をかく。
② 横軸と縦軸の交わった点が0
③ 横軸に x、縦軸に y の値をそれぞれ1、2、3…とめもる。

かき方

x が1のとき、y が2だからその点に●をつける。
同じようにして、x が2、3…のときの点をとって、その点を結ぶ。

月　日

比例と反比例 (5)

名前

1mあたり2.5kgの金属棒(きんぞくぼう)があります。次の表は、金属棒の長さxmと、その重さ$y$kgの関係を表しています。

長　さ　x (m)	0	1	6
重　さ　y (kg)	0	2.5	15

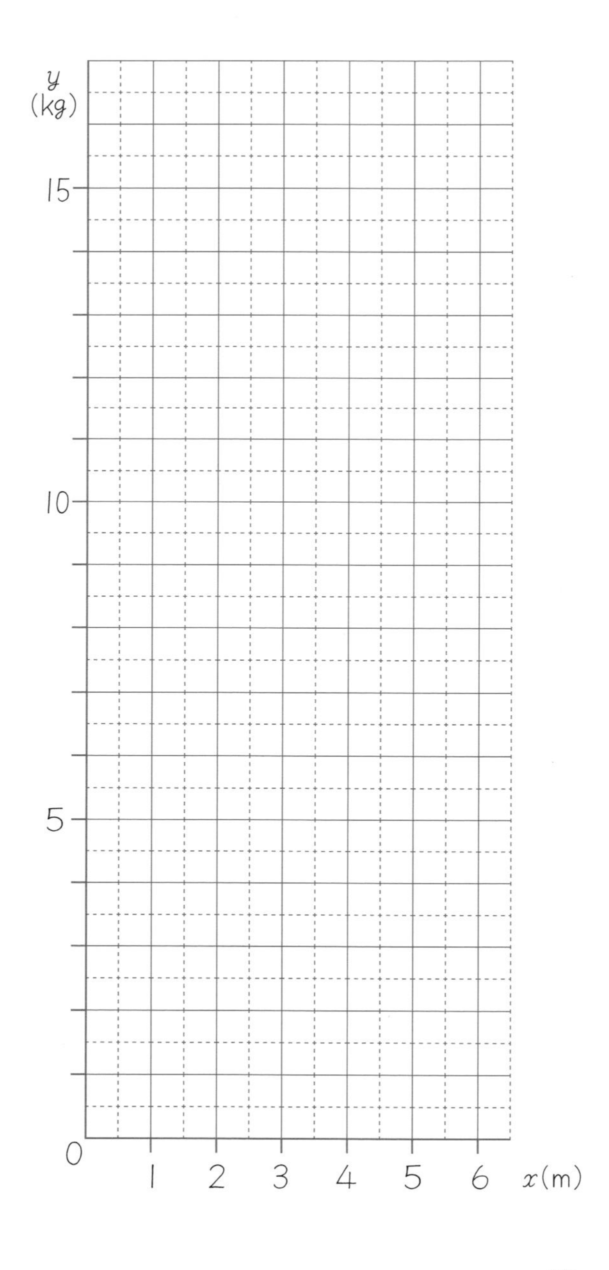

① xとyの関係を式に表しましょう。

(　　　　　　　　)

② xとyの関係をグラフに表しましょう。

比例する2つの量の関係をグラフにすると、グラフは、0の点を通る直線になります。

比例と反比例 (6)

月　　日

名前

右の表は、1mあたり0.8kgの金属棒の長さと重さの関係を表しています。

長　さ x (m)	1	10
重　さ y (kg)	0.8	8

① xとyの関係を式で表しましょう。

② 関係をグラフに表しましょう。

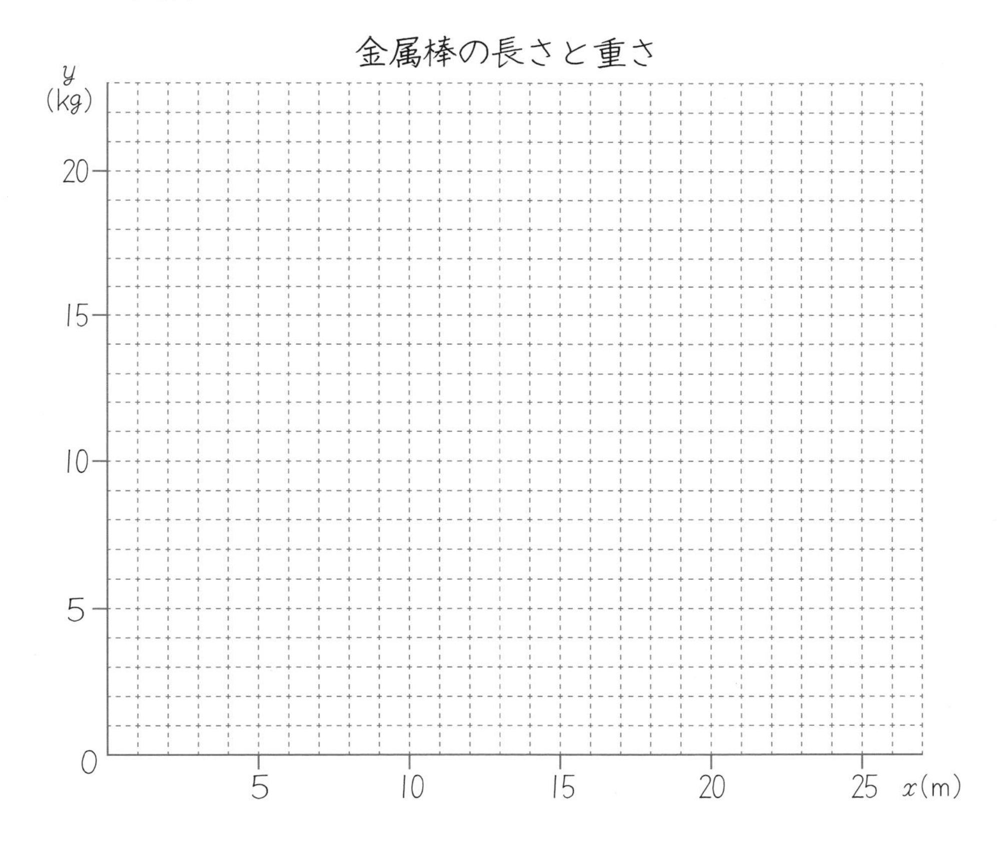

③ でき上がったグラフを見て、20kgのときの金属棒の長さを求めましょう。　(　　　　　)

④ グラフを見て、金属棒20mのときの重さを求めましょう。　(　　　　　)

⑤ 金属棒が30mのときの重さを求めましょう。　(　　　　　)

比例と反比例 (7)

月　日

名前

1 次の２つの量は比例しています。２つの量の関係を、x と y を使って式に表しましょう。

① １m あたりの重さが 55g の針金（はりがね）の長さ x と重さ y

（　　　　　　　　）

② １個 95 円のりんごを買ったときの個数 x と代金 y

（　　　　　　　　）

③ 円周の長さ y と直径 x の関係

（　　　　　　　　）

2 水そうに水を入れる時間と、水の深さの関係をグラフに表しましょう。

時　　間 x（分）	1	2	3	4	5	6	
水の深さ y（cm）	0.5	1	1.5	2	2.5	3	

水を入れる時間と深さの関係

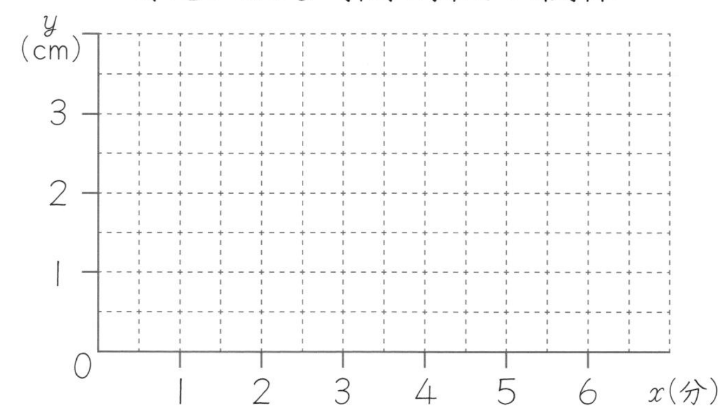

① x と y の関係を式で表しましょう。　（　　　　　　）

② 水を 10 分間入れると深さは何 cm になりますか。

（　　　　　　）

月　日

比例と反比例 (8)

1 チラシをたくさん印刷しました。100枚(まい)の重さをはかったら、200g ありました。

① 枚数と重さは比例しますか。　（　　　　　）

② 40枚だと何gになりますか。表に数を入れましょう。

チラシの枚数と重さ

枚　数 x（枚）	40	100
重　さ y（g）		200

2 次の表は、1Lの水を入れると深さが2.5cm 増えていく水そうの水の量と深さの関係を表したものです。

① 表を完成させましょう。

水の量 x（L）	1	2	3
深　さ y(cm)	2.5		7.5

② 水の量と深さの関係をグラフに表しましょう。

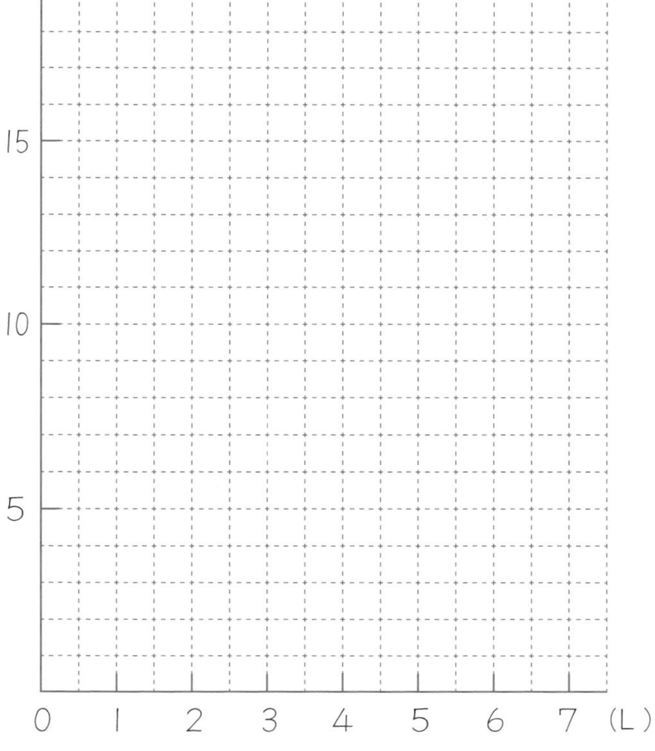

③ x と y の関係を式で表しましょう。

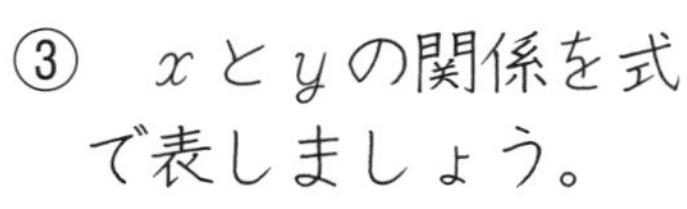

④ 7Lの水を入れると深さは何 cm になりますか。

（　　　　）

比例と反比例（9）

月　日

名前

✿ 面積が 12cm² になる長方形をかきました。

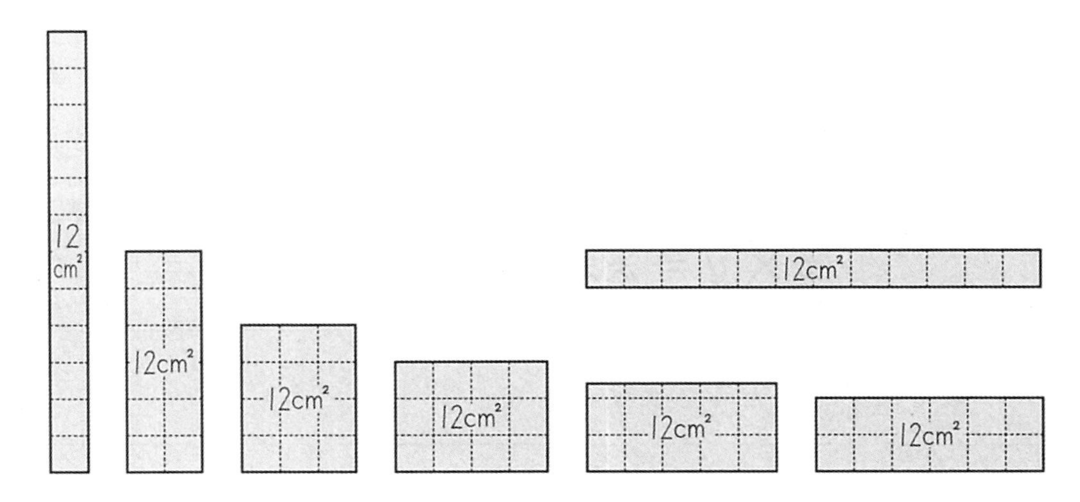

① 縦（たて）と横の長さがどのように変わっていくかを表にしましょう。

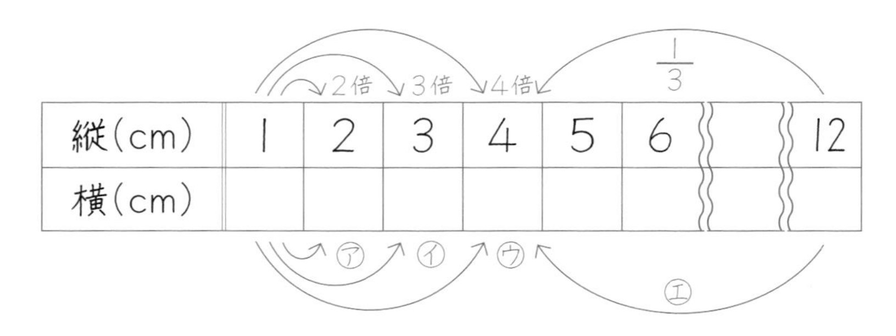

縦(cm)	1	2	3	4	5	6		12
横(cm)								

② 縦の長さが2倍、3倍、4倍……となると、横の長さはどのようになっていますか。

㋐（　　　）　㋑（　　　）　㋒（　　　）

③ 縦の長さが $\frac{1}{3}$ になると、横の長さはどうなっていますか。

㋓（　　　）

④ 縦×横の値（あたい）はいつもどうなっていますか。

縦×横＝（　　　）

月　日

比例と反比例 (10)

名前

ともなって変わる2つの量があって、一方の値が2倍、3倍、……になると、他方が$\frac{1}{2}$、$\frac{1}{3}$、……になるとき、2つの量は **反比例する**(はん)(ぴれい) といいます。

反比例する2つの数をかけると、積はいつも同じになります。

$x \times y$ ＝ 決まった数

また、 y ＝ 決まった数 ÷ x

の式で表すことができます。

面積が $36cm^2$ の長方形があります。

① 表の空らんをうめましょう。

縦の長さ x (cm)	1	2	3	4	5	6	8	9	10	12
横の長さ y (cm)										

② 縦x、横yとして、関係を式に表しましょう。

(　　　　　　　　　　　　)

③ yを求める式をかきましょう。

(　　　　　　　　　　　　)

④ 縦が 18cm、20cm、24cm、30cm のときの横の長さを求めましょう。

縦　18cm，横 ________

縦　20cm，横 ________

縦　24cm，横 ________

縦　30cm，横 ________

月　　日

比例と反比例 (11)

名前

✿ ともなって変わる x と y の関係を表にしました。

x	1	2	3	4	6	8	12	24
y	24	12	8	6	4	3	2	1

① ２つの量の関係は、比例ですか、それとも反比例ですか。

（　　　　　　　　）

② x と y の関係を式で表しましょう。

$y =$

③ x と y の値（あたい）の組をグラフに表しましょう。

(1) 表の数の組を点で示します。

(2) 点と点をなめらかな線で結びます。

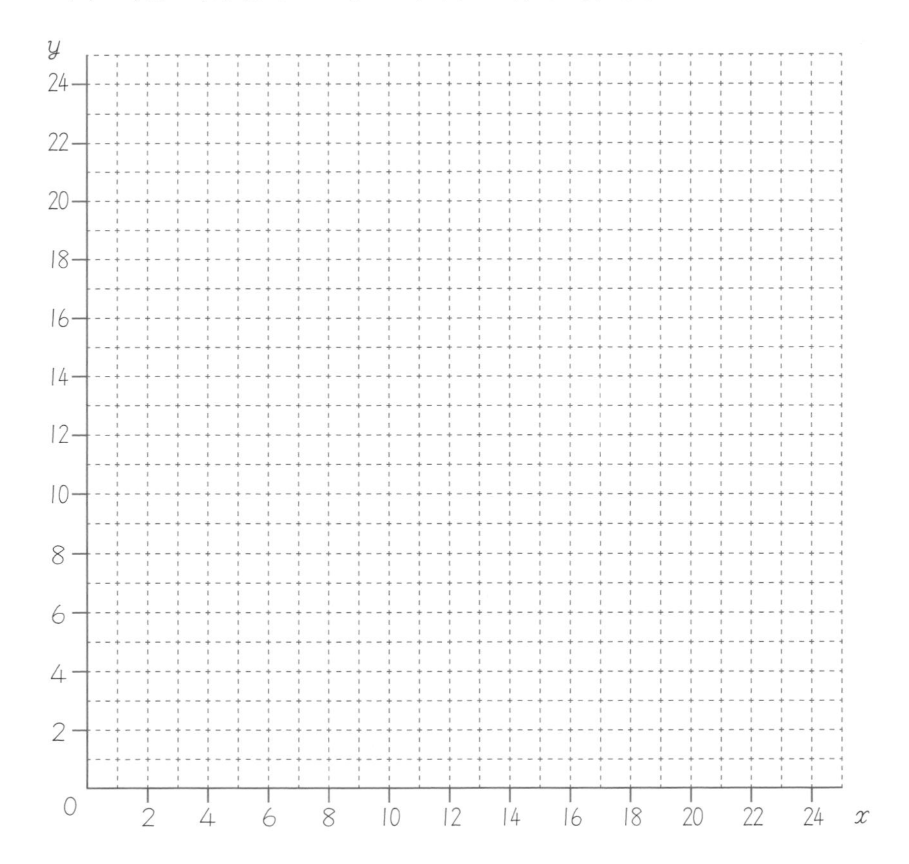

月　日
名前

比例と反比例 (12)

1　1分間に水を1L入れると、20分間でいっぱいになる水そうがあります。1分間に入れる水の量を増やしてみました。

1分間に入れる水の量 x(L)	1	2	4	5	10	20
いっぱいになる時間 y(分)						

① 表の空らんに数をかきましょう。

② x と y の関係を式で表しましょう。

$x \times y =$

$y =$

③ 8分間で水そうに水がいっぱいになりました。1分間に入れた水の量は何Lですか。

式

答え

2　ともなって変わる x と y が、次の表のようになるときの関係を式で表しましょう。また、x が 10 のときの y の値を求めましょう。

①

x	2	3	4	6
y	60	40	30	20

$y =$

x が 10 のとき、y は（　　　）

②

x	2	4	8	16
y	32	16	8	4

$y =$

x が 10 のとき、y は（　　　）

月　日

比例と反比例 ⒀

名前

1 360km はなれたところに自動車で行きます。時速とかかる時間の関係を考えます。

時　　速 x（km/時）	40	50	60	80	90
かかる時間 y　（時間）					

① 表の空らんに数をかきましょう。

② x と y の関係を式で表しましょう。

$y =$

③ （　　）に言葉をかきましょう。

y は x に（　　　　　　）する。

2 次の表を見て、y を x を使った式で表しましょう。

①

x	1	2	4	8	16	32
y	32	16	8	4	2	1

$y =$

②

x	2	4	6	8	12
y	24	12	8	6	4

$y =$

③

x	10	20	30	40	50
y	42	21	14	10.5	8.4

$y =$

月　日

比例と反比例 ⒁

名前

1 てんびんの右のうでの6のめもりに、おもりを2個つるしました。左のうでにおもりをつるして、つりあう場合のおもりの数を表にしましょう。

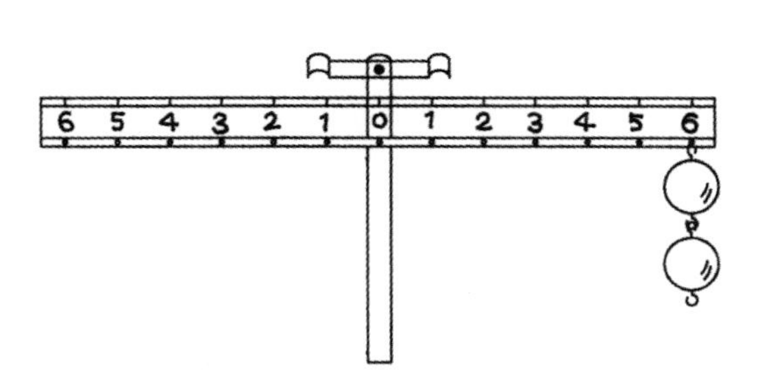

支点からのきょり（めもり）	1	2	3	4	5	6
おもりの数　（個）						

2 次のxとyの関係を示す表の空らんをうめ、xとyの関係を式で表しましょう。

① 面積が12cm^{2}の三角形の底辺の長さと高さ

底辺 x（cm）	2	3	4	6	8
高さ y（cm）	12				

$y=$

・底辺が10cmのとき高さは（　　　）cm

② 120kmはなれた場所へ行くとき、車の時速とかかる時間

時速 x（km/時）	30	40	50	60	80
時間 y　（時）	4				

$y=$

・時速100kmで行くとき、かかる時間は（　　　）時間

月　日

比例と反比例 まとめ (17)

名前

次の x と y の関係を式に表し、比例、反比例、その他 を（　　）にかきましょう。

（各式 15 点、（　）は 10 点）

① 面積が $24cm^2$ の平行四辺形をつくります。底辺 x cm とすると高さは y cm になります。

底　辺 x (cm)	3	4
高　さ y (cm)	8	6

y =

（　　　　　）

② 私は 11 さいでお母さんは 33 さいで誕生日が同じです。私の年齢が x さいのときのお母さんの年齢は y さいです。

私の年齢 x (さい)	11	12
母の年齢 y (さい)	33	34

y =

（　　　　　）

③ 時速 40km で走行している自動車が x 時間に走った道のりは y km です。

走った時間 x (時間)	1	2
走ったきょり y (km)	40	80

y =

（　　　　　）

④ 水そうに 600L の水を入れます。1分間に水を x L 入れたときにかかる時間は y 分です。

1分間入れる水の量 x (L)	30	50
かかった時間 y (分)	20	12

y =

（　　　　　）

点

月　　日

比例と反比例 まとめ ⑱

名前

1 x と y が比例関係の場合は「比」、反比例の場合は「反」、どちらでもない場合は「×」を（　　）にかきましょう。
また、x と y の関係を表す式をかきましょう。（各 15 点）

①

x	5	10	15	20
y	12	6	4	3

$y=$ 　　（　　）

②

x	5	10	15	20
y	20	15	10	5

$y=$ 　　（　　）

③

x	1	2	3	4
y	36	18	12	9

$y=$ 　　（　　）

④

x	1	2	3	4
y	4	8	12	16

$y=$ 　　（　　）

2 x と y が比例関係の場合は「比」、反比例の場合は「反」、どちらでもない場合は「×」を（　　）にかきましょう。
また、x が 10 のときの y の値（あたい）を求めましょう。（各 10 点）

①（　　）　$x \times y = 50$　　$y=$

②（　　）　$x + y = 50$　　$y=$

③（　　）　$y - x = 50$　　$y=$

④（　　）　$y \div x = 50$　　$y=$

点

月　日　名前

角柱・円柱の体積 (1)

1 次の立体の体積の求め方を考えましょう。

① 直方体の体積＝縦×横×高さ

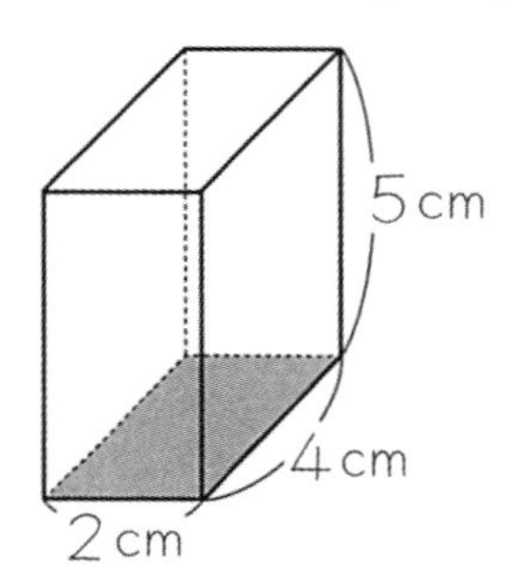

式

答え

② 4cm　2cm

底面の面積を **底面積** といいます。
底面積を求めましょう。
式

答え

③ ②で求めた底面積に高さをかけましょう。また、①の答えと比べましょう。

㋐ 底面積×高さ

式

答え

㋑ ①の答えと（　　　）です。

2 角柱の体積を求めましょう。

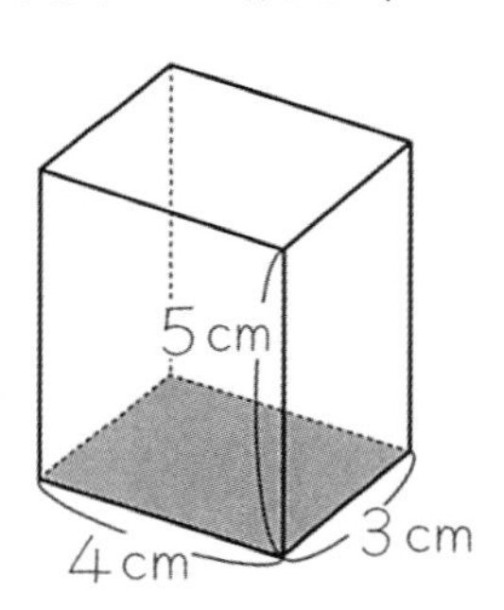

式

答え

角柱・円柱の体積 (2)

月　日

名前

1 三角柱の体積を求めましょう。

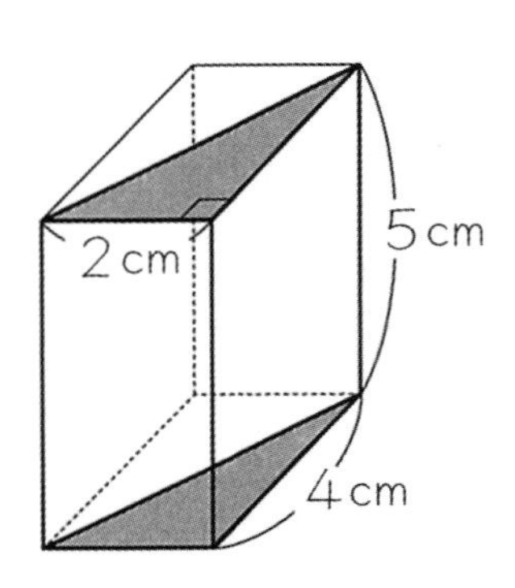

① 直方体の体積を求めて半分にしましょう。

式

答え

② 底面積に高さをかけて求めましょう。

式

答え

三角柱も 体積 ＝底面積 × 高さ で求めることができます。

2 三角柱の体積を求めましょう。

①

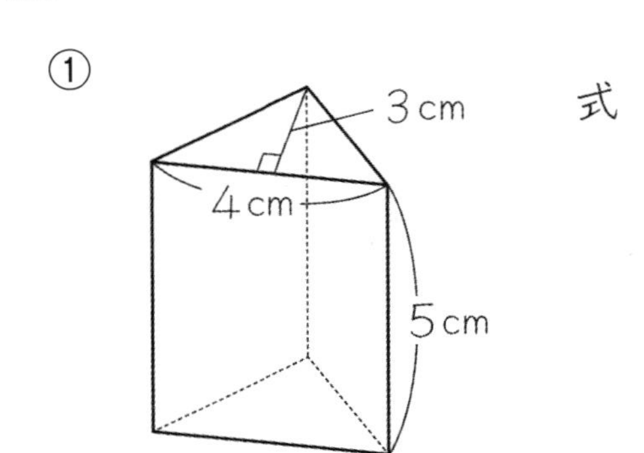

式

答え

② 底面の三角形の底辺が4cm で高さが5cm、柱体の高さが6cm の三角柱

式

答え

月　　日

角柱・円柱の体積 (3)

名前

底面がひし形の角柱の体積の求め方を考えましょう。

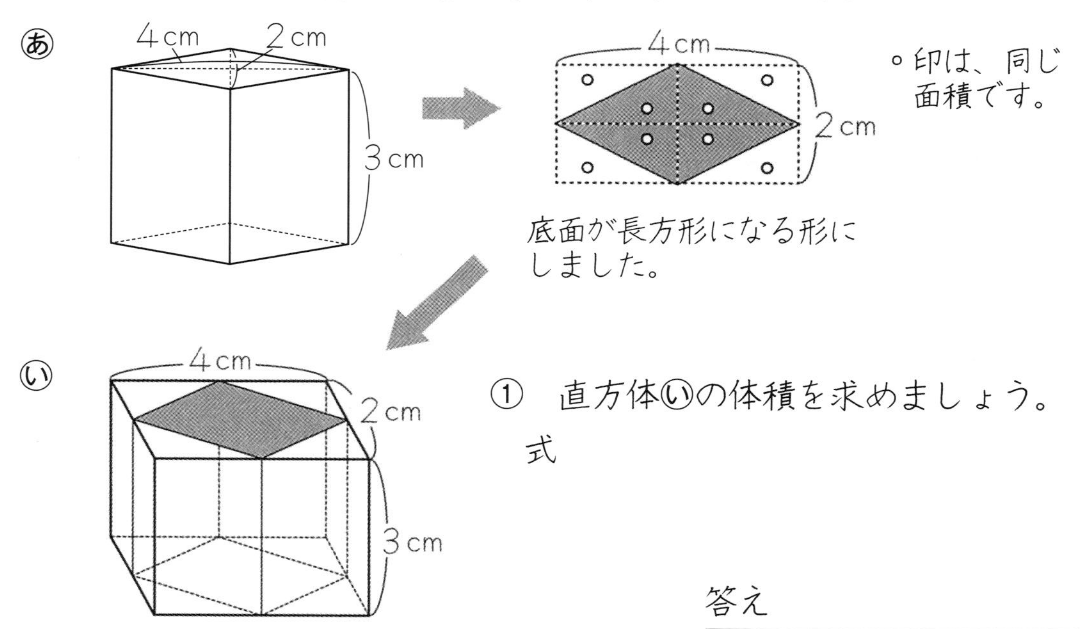

① 直方体いの体積を求めましょう。

式

答え

② もとの立体あは、直方体いの半分の体積です。
あの体積を求めましょう。

式

答え

③ 底面積×高さでもとの立体あの体積を計算しましょう。

式

答え

角柱の体積の公式は次のようになります。
角柱の体積 ＝ 底面積 × 高さ

角柱・円柱の体積 (4)

名前

次の柱体の体積を求めましょう。

①

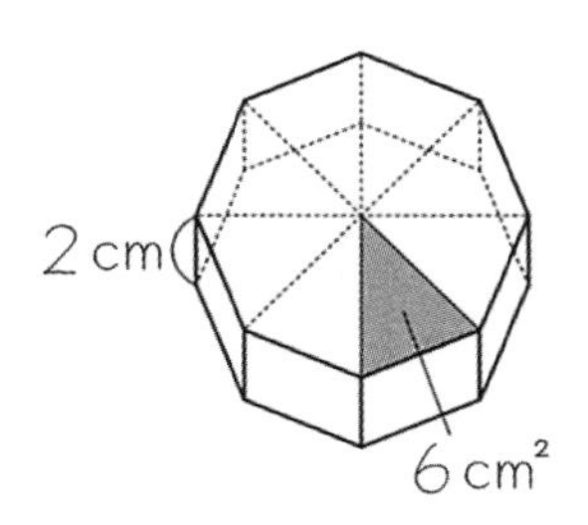

式

答え

②

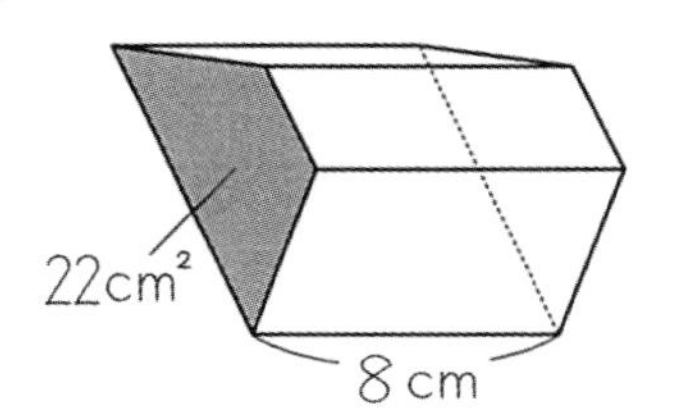

式

答え

③

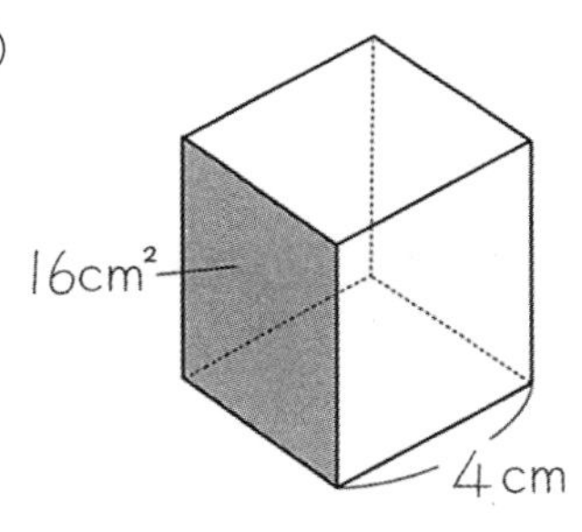

式

答え

④　底面積が $10cm^2$ で高さが7cm の五角柱の体積

式

答え

⑤

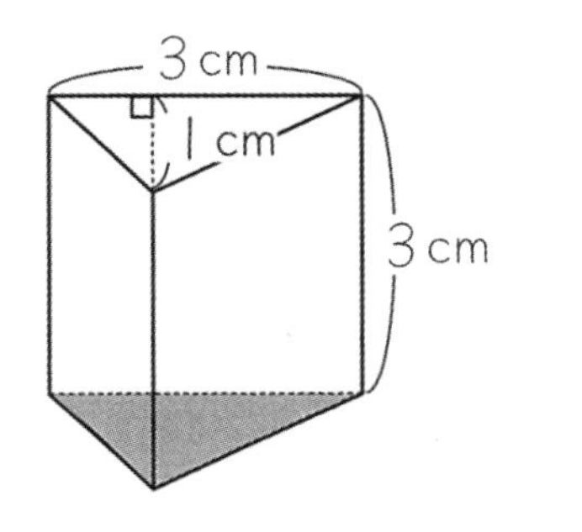

式

答え

角柱・円柱の体積 (5)

名前

1 円柱の体積の求め方について考えましょう。

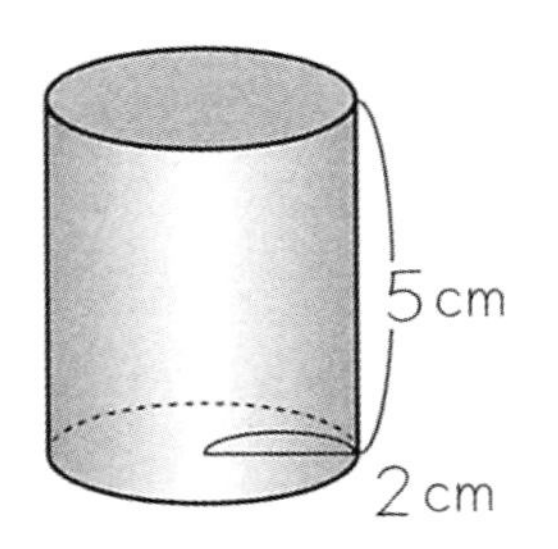

① 高さが同じ四角柱の体積は、

（　　　　　）×高さ

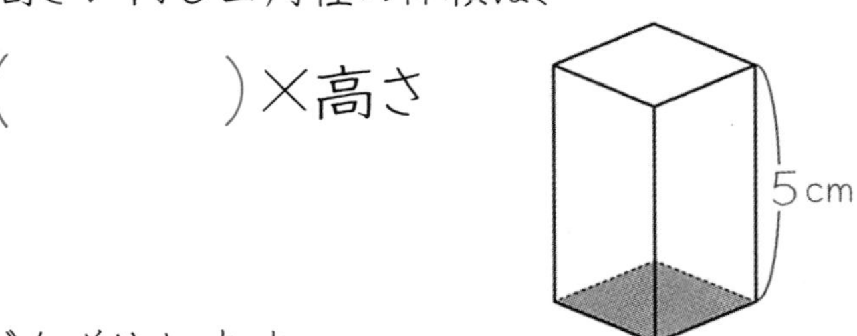

② 底面の辺の数をどんどん増やします。

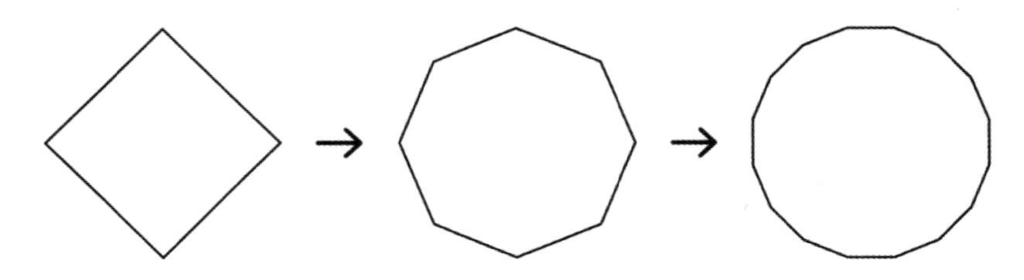

底面がだんだん円に近くなっていきます。
円柱の体積も、底面積×高さで求めても、よいようですね。

円柱の体積 ＝ 底面積 × 高さ

2 次の円柱の体積を求めましょう。

①

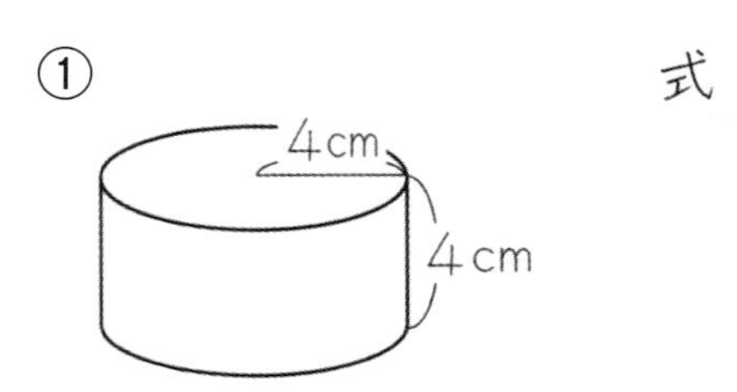

式

答え

② 底面の半径が10cmで高さが5cmの円柱

式

答え

月　　日 

角柱・円柱の体積 (6)

名前

次の円柱の体積を求めましょう。

①

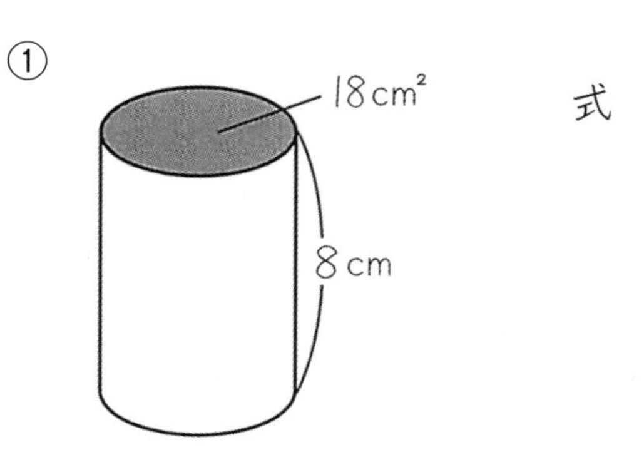

式

答え

② 底面積が 55cm² で高さが 4 cm の円柱

式

答え

③

2cm
25cm

式

答え

④ 底面の直径が 6 cm で高さが 5 cm の円柱

式

答え

角柱・円柱の体積 まとめ ⒆

名前

次の柱体の体積を求めましょう。　（各式 15 点、答え 10 点）

①

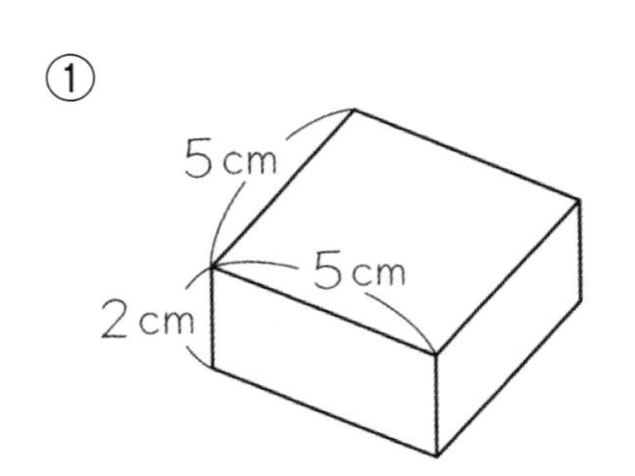

式

答え

②

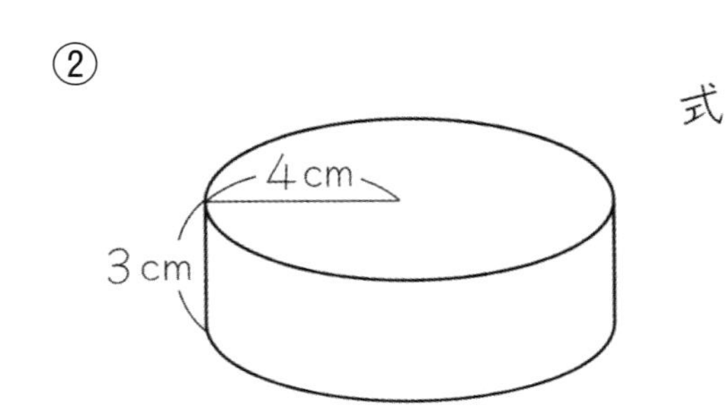

式

答え

③

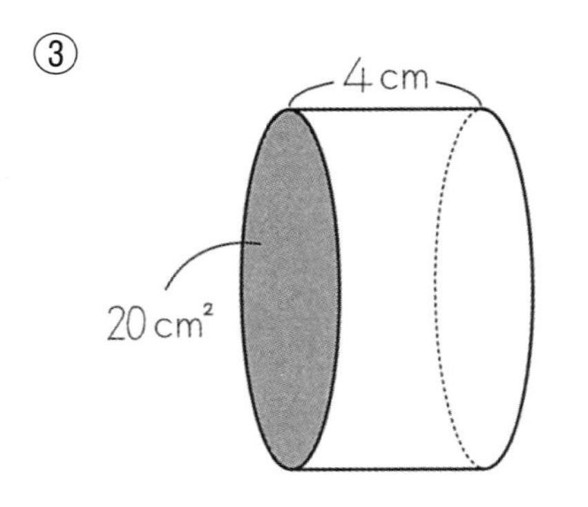

式

答え

④

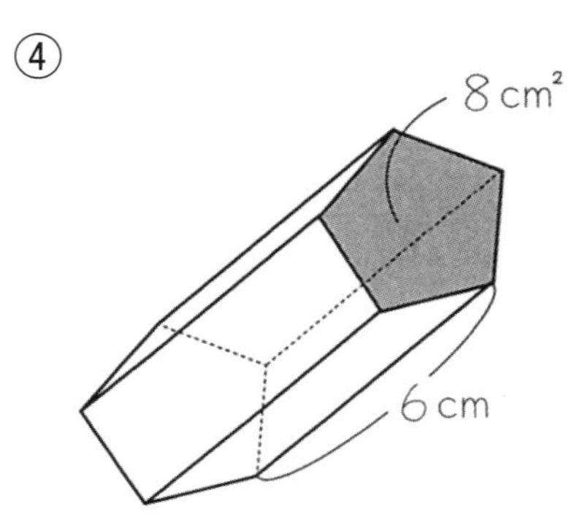

式

答え

点

角柱・円柱の体積 まとめ (20)

月　日

名前

次の立体の体積を求めましょう。　（各式 10 点、答え 10 点）

① 底面が 15cm² で高さが 8 cm の五角柱

式

答え

② 底面が 78.5cm² で高さが 4 cm の円柱

式

答え

③ 底面が下の図のような形で、高さが 6 cm の四角柱

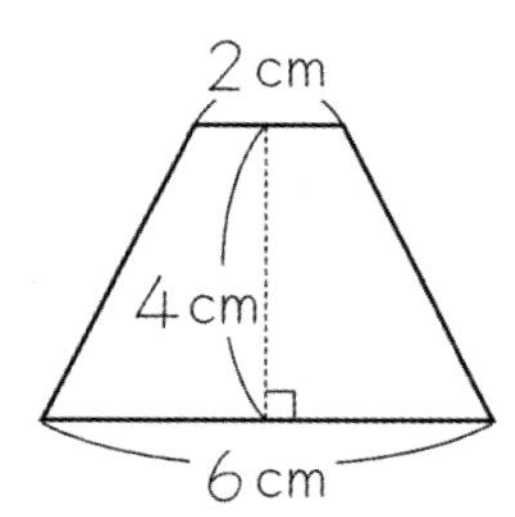

式

答え

④ 底面の直径が 20cm で高さが 8 cm の円柱を半分に切った立体

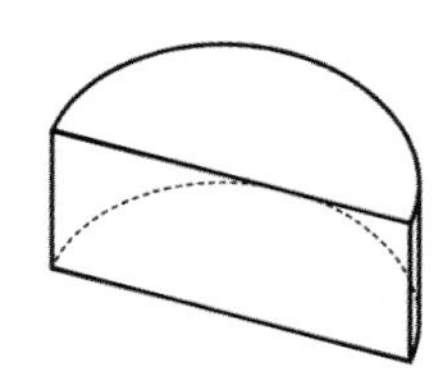

式

答え

⑤ 底面が 1 辺 15cm の正方形で高さが 8 cm の四角柱

式

答え

点

月　　日

資料の調べ方（1）

名前

下の表は、１組と２組と３組の男子のソフトボール投げの記録です。

ソフトボール投げ（男子）（m）

番号	１組	２組	３組
1	25	32	24
2	12	23	30
3	28	26	20
4	26	16	28
5	25	19	22
6	27	33	24
7	23	15	26
8	30	32	19
9	27	33	27
10	27	25	23
11	32	32	32
12	30	28	24
13	24	24	29
14	20	—	25
15	29	—	—
合計	385	338	353

① きょりの合計は、１組の方がいちばん大きくなっています。このことだけで１組の方が成績がよいといえますか。また、その理由をかきましょう。

（　　　　　　　　　　　　　　　　　　　　　　　　）

② 各組の平均を出しましょう。四捨五入して小数第１位まで求めましょう。

１組

答え

２組

答え

３組

答え

資料の調べ方 (2)

名前

前ページの「ソフトボール投げ」の記録を調べます。

① １組の記録を数直線に○でかきましょう。

② ２組の記録を数直線に○でかきましょう。

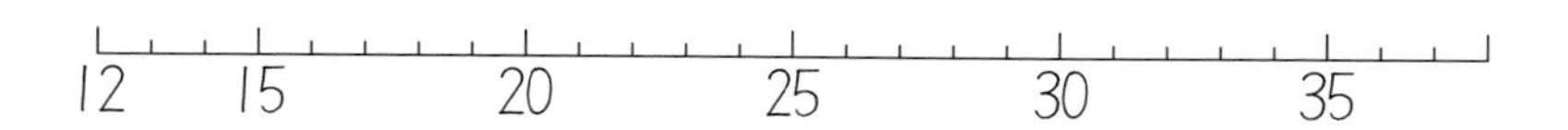

③ ３組の記録を数直線に○でかきましょう。

12　15　20　25　30　35

④ それぞれの組のソフトボール投げは何ｍから何ｍのはん囲ですか。

１組 （　　　　ｍ～　　　　ｍ）

２組 （　　　　ｍ～　　　　ｍ）

３組 （　　　　ｍ～　　　　ｍ）

月　　日

資料の調べ方 (3)

データの特ちょうを調べたり、伝えたりするとき、１つの値で代表させて比べることがよくあります。この値を **代表値** といいます。代表値には**平均値**、**最ひん値**、**中央値**があります。

最ひん値……資料の中で最も多く表れる値

中 央 値……資料を小さいものから順にならべたとき、中央にくる値
　　　　　　（資料が偶数個のときは、中央２個の平均）

✿ 前ページの「ソフトボール投げ」の最ひん値、中央値を求めましょう。

① １組

最ひん値　　　　　中央値

② ２組

最ひん値　　　　　中央値

③ ３組

最ひん値　　　　　中央値

資料の調べ方 (4)

名前　　　　　月　　日 

前ページの「ソフトボール投げ」の記録を、5mごとに区切って表に整理します。

ソフトボール投げ

きょり (m)	1組 (人)	2組 (人)	3組 (人)
10 以上～ 15 未満			
15 ～ 20			
20 ～ 25			
25 ～ 30			
30 ～ 35			
合計			

① 1組の記録を整理しましょう。

② 2組の記録を整理しましょう。

③ 3組の記録を整理しましょう。

資料の調べ方 (5)

名前

✿ 前ページの「ソフトボール投げ」の記録は次のようになりました。

ソフトボール投げ

きょり (m)	1組 (人)	2組 (人)	3組 (人)
10 以上～15 未満	1	0	0
15 ～20	0	3	1
20 ～25	3	2	6
25 ～30	8	3	5
30 ～35	3	5	2
合計	15	13	14

1組の記録を柱状グラフに表しましょう。

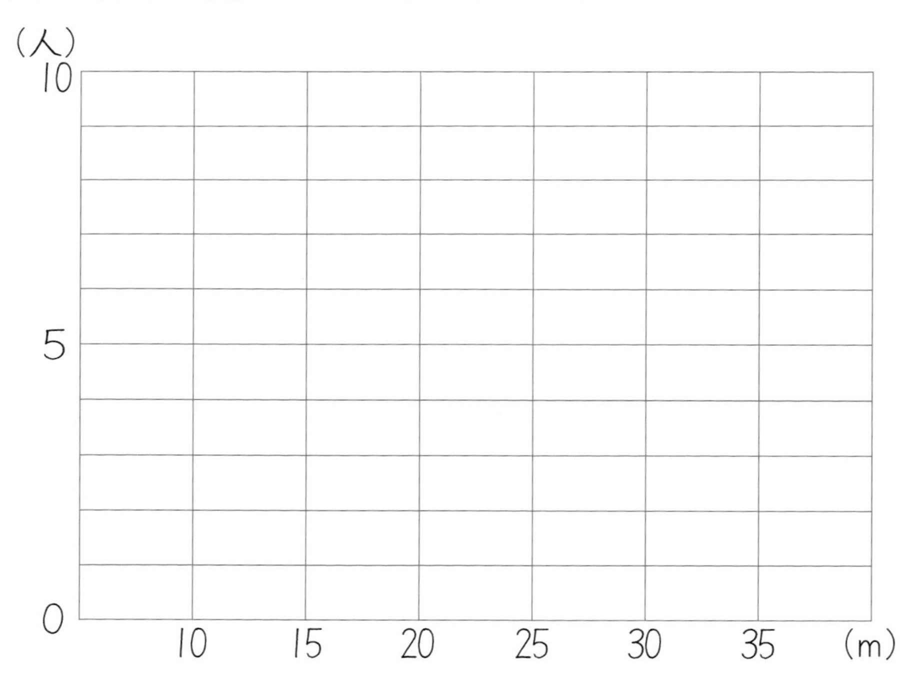

資料の調べ方 (6)

月　日

名前

「ソフトボール投げ」の記録を見て答えましょう。

① ２組の記録を柱状グラフに表しましょう。

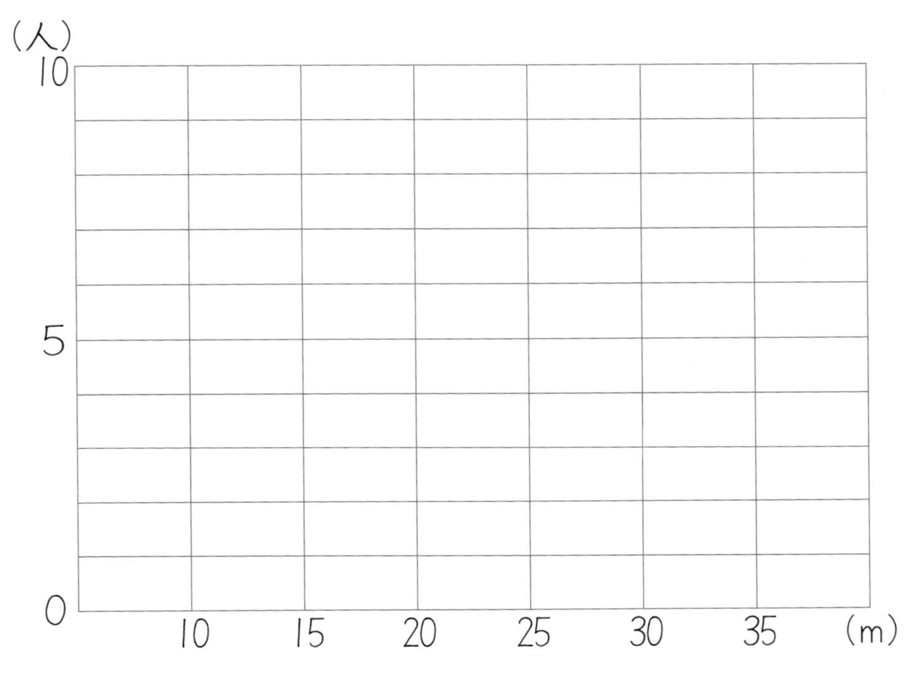

② ３組の記録を柱状グラフに表しましょう。

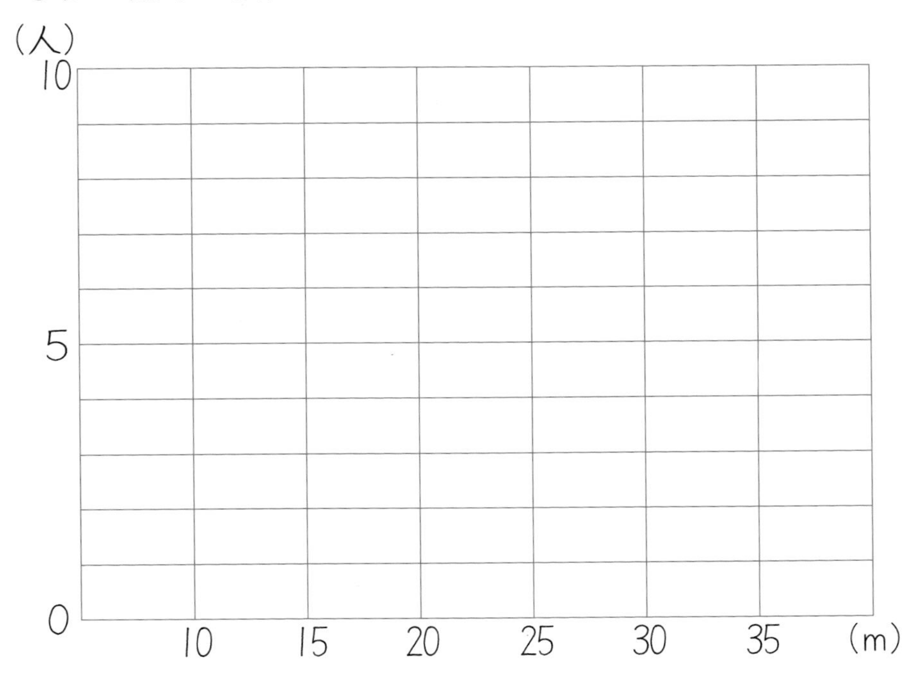

月　日

資料の調べ方 まとめ ㉑

名前

1 柱状グラフを見て答えましょう。 （①〜④各 10 点、⑤ 20 点）

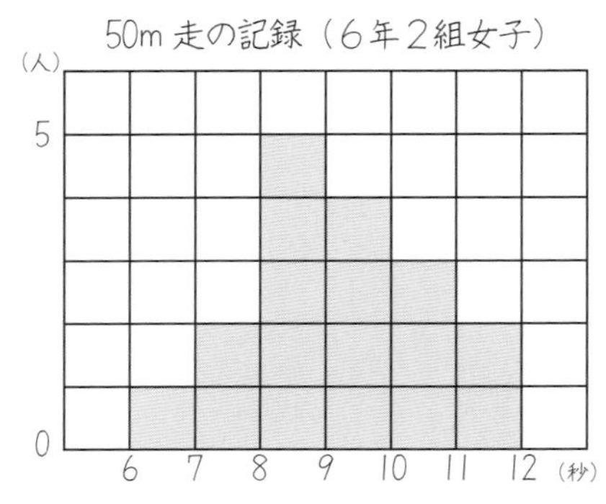

① 6年2組の女子は何人ですか。

（　　　　　　　）

② 人数が一番多い区切りはどこですか。

（　　　秒以上　　　秒未満）

③ 8秒未満で走る人は何人いますか。 （　　　　　　　）

④ みどりさんは速い方から9番目、おそい方からも9番目でした。みどりさんの記録はどの区切りに入りますか。

（　　　　　　　）

⑤ ②の区切りに、2組女子の 50m 走の平均の値があると考えてもよいですか。

（　　　　　　　）

2 グラフは、6年生男子の立ちはばとびの記録です。 （各 10 点）

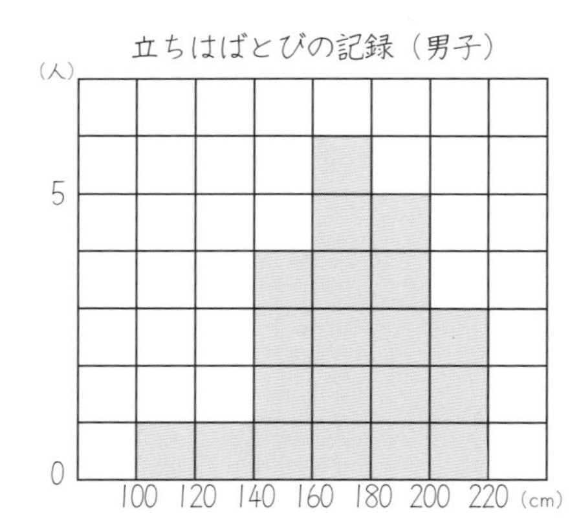

① このようなグラフを何グラフといいますか。

（　　　　　　　）

② これは何の記録ですか。

（　　　　　　　）

③ 一番多い区切りはどこですか。

（　　　　　　　）

④ たかしさんは 210cm とびました。この調査では、何番目までに入りますか。

（　　　　　　　）

点

月　　日

資料の調べ方 まとめ (22)

名前

次の表は６年生の体重で、小数点以下を四捨五入したものです。

６年生の体重（21 名）kg

31	29	30	34	28	33	39
33	34	32	36	30	34	35
38	31	32	35	36	34	33

① 平均値を求めましょう。（小数第１位まで）　(20 点)

式

答え

② 記録を〇で数直線に表しましょう。　(40 点)

③ 最ひん値を求めましょう。　(20 点)

答え

④ 中央値を求めましょう。　(20 点)

答え

点

月　日

場合の数 (1)

名前

1 6年1組は、3人1チームでリレーをしました。1チームの走る順番を、ぬけ落ちや重なりがないよう、全部かき出しましょう。

第1走者	第2走者	第3走者
A	B	C

① 空らんをうめましょう。

② Aさんが第一走者になる順番は何通りありますか。

(　　　　)

③ 全部で何通りありますか。

(　　　　)

2 5、6、7の3つの数字を使って、3けたの数をつくります。小さい順に全部かき出しましょう。

(　　　　)

3 4個の数字を使って暗証番号（パスワード）をつくります。
0, 1, 2, 3を1回だけ使う場合を樹形図（じゅけいず）を使って、先頭に0がくる場合を考えましょう。

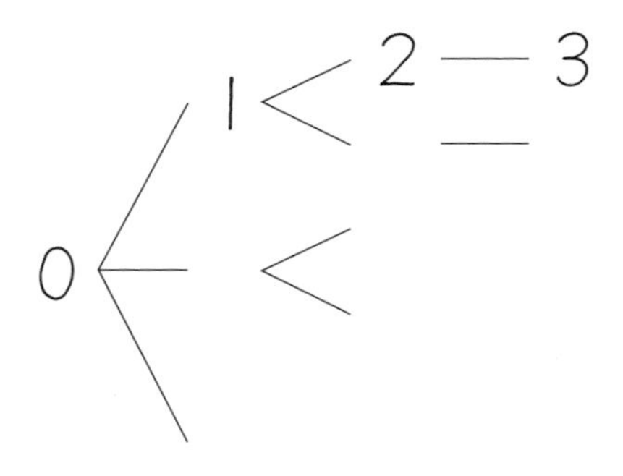

月　　日

場合の数 (2)

名前

1　6年1組は、4人のリレー選手を決めました。走る順番をいろいろ考えました。すべての順番を表にかき出してみましょう。（空らんをうめましょう。）

第1走者	第2走者	第3走者	第4走者
A			
B			

①　Aさんが第一走者になる順番は何通りありますか。

（　　　　　）

②　全部で何通りありますか。

（　　　　　）

2　0～9の10個の数を何度でも使って4けたのパスワードをつくることを考えます。一番小さな数になるのは「0000」です。

①　一番大きい数になるのは何ですか。　（　　　　　）

②　何通りのパスワードが可能ですか。　（　　　　　）

月　日

場合の数 (3)

名前

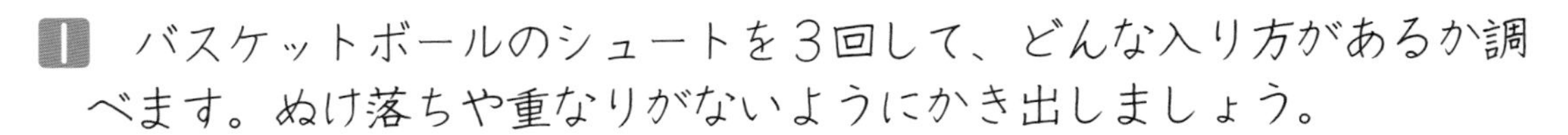

1 バスケットボールのシュートを3回して、どんな入り方があるか調べます。ぬけ落ちや重なりがないようにかき出しましょう。

① 入った場合を1、入らなかった場合を0で表します。

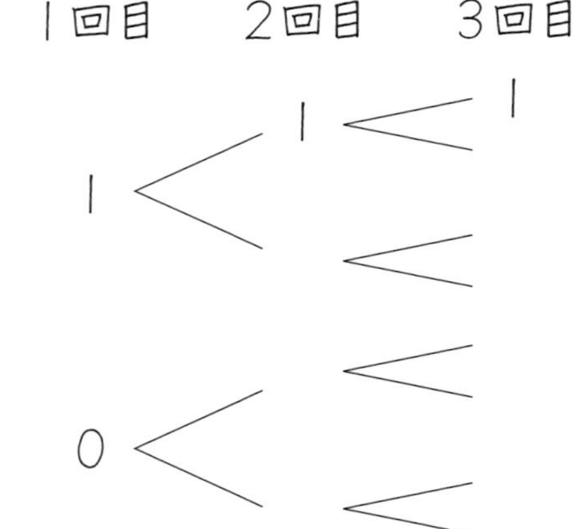

② 全部で何通りの入り方がありますか。

答え

2 コインを投げて、裏（うら）と表の出方が何通りあるか調べます。

① コインを1枚（まい）投げたとき

答え

② コインを2枚投げたとき（「裏ー表」「表ー裏」は同じ）

- お—お
- お—う
- う—う

答え

③ コインを3枚投げたとき

- お—お—お
- お—お—う
- お—う—う
- う—う—う

答え

④ ①、②、③から考えて4枚のコインを投げたときの出方が何通りあるか考えましょう。

答え

月　　日 

場合の数 (4)

名前

1 おばさんの家は、山川駅のそばにあります。家から海田駅、山川駅を通っておばさんの家へ行く方法は何通りありますか。

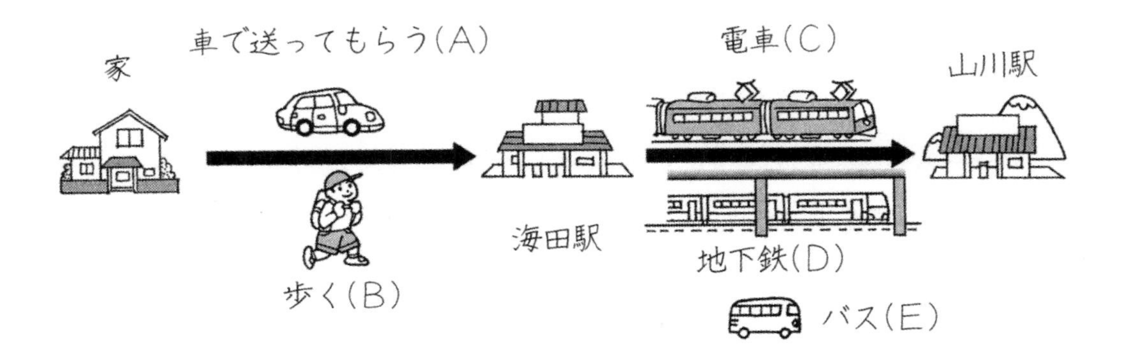

答え

2 0,1,2,3の数字をかいた4枚のカードを使って、2けたの数をつくります。いくつの数ができますか。全部かき出しましょう。
01,02などは、2けたの数ではありません。

(　　　　　　　　　　　　　　　　　　　　　)

答え

3 **2**で1,2,3,4の数字の場合は、どうですか。全部かき出しましょう。

(　　　　　　　　　　　　　　　　　　　　　)

答え

月　日

名前

場合の数 (5)

1 ６年１組は、体育の時間に、４チームでミニサッカーの試合をすることにしました。どのチームとも１回試合をします。

	対戦チーム				成　績
	A	B	C	D	
Aチーム		○	○	×	勝　敗
Bチーム	×		○		勝　敗
Cチーム	×	×			勝　敗
Dチーム	○				勝　敗

・各チームの成績は、横に見ます。

① Bチームは Dチームに勝ちました。

② Cチームは Dチームに勝ちました。

③ 各チームの成績を表にかきましょう。

④ 全部で何試合しましたか。

答え

2 ５チームをつくって、どのチームとも１回試合をすることにすると、全部で何試合になりますか。右の図を参考に考えましょう。

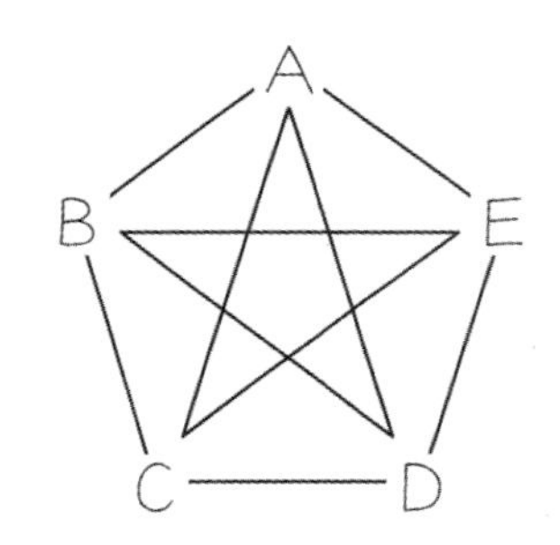

答え

3 野球の試合をトーナメント方式にしました。

① ８チームでした場合、優勝（ゆうしょう）が決まるまで、何試合しますか。

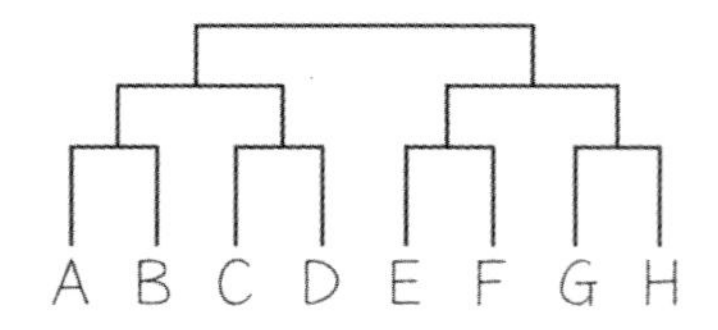

答え

② 47チームでした場合は、何試合で優勝が決まりますか。

答え

場合の数 (6)

1 ハンカチ2枚をおくり物にしようと思います。色やもようの異なる5種類があります。ハンカチをA，B，C，D，Eの5種類とするとどんな組み合わせがありますか。全部かき出しましょう。また、組み合わせは全部でいくつありますか。

答え

2 ハンカチ5種類から4枚を選ぶ組み合わせは、いくつありますか。
ヒント：4枚選ぶことは、1枚選ばないことと同じ。

答え

3 6種類のこう貨が1枚ずつあります。2枚とったとき、どんな金額になるかを表にまとめましょう。

	5円	10円	50円	100円	500円
1円					
5円	×				
10円	×	×			
50円	×	×	×		
100円	×	×	×	×	
500円	×	×	×	×	×

何通りの金額ができますか。

答え

場合の数 まとめ ㉓

名前

1 1，2，3，4，5の数字のうち2つを使って2けたの数をつくります。いくつの数ができますか。（30点）

答え

2 A，B，C，D，Eの5つの箱から2つを選ぶ組み合わせは、いくつありますか。（30点）

答え

3 遠足でオリエンテーリングをしました。
A地点から出発します。F地点に集合して、弁当を食べます。何通りの行き方があるか図で調べましょう。（40点）
（※①全部の地点を通ること。②同じ地点を2度通らないこと。）

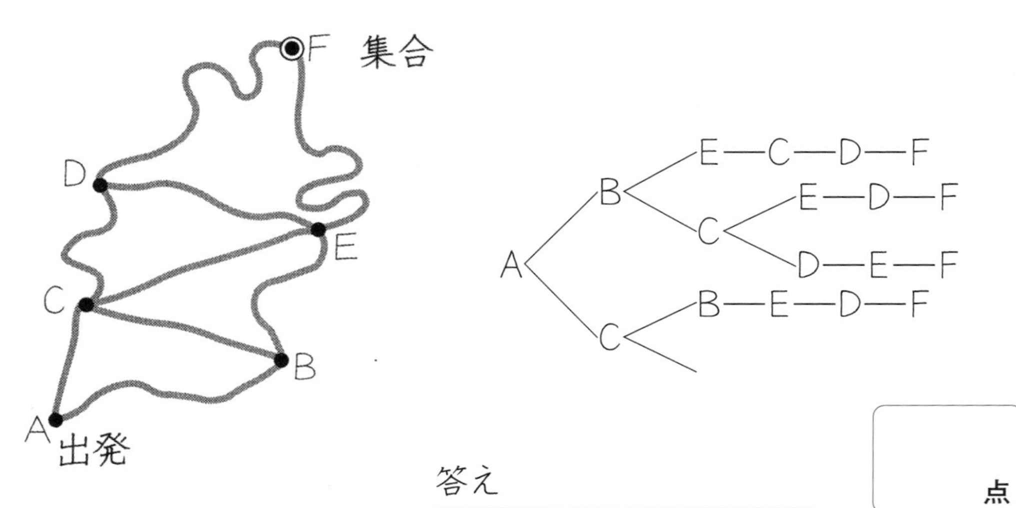

答え

点

月　日

場合の数 まとめ (24)

名前

1 上皿(うわざら)てんびんで、左のうでに次の5個の分銅を組み合わせて使うと1gから19gまではかれます。下の表の使う分銅のらんに○をしましょう。

(40点)

はかれる重さ	使う分銅				
	1g	1g	2g	5g	10g
1g					
2g					
3g					
4g					
5g					
6g					
7g					
8g					
9g					
10g					
11g					
12g					
13g					
14g					
15g					
16g					
17g					
18g					
19g					

2 ① 1g、2g、5g、10gの分銅をそれぞれ2個ずつ使うと何gまではかれますか。

(20点)

答え

② 28gをはかるときは、どのように組み合わせるかかきましょう。

(20点)

(　　　　　　　　　　)

③ 33gをはかるときは、どのように組み合わせるかかきましょう。

(20点)

(　　　　　　　　　　)

点

およその面積

月　日

名前

次の形のおよその面積を考えましょう。

①

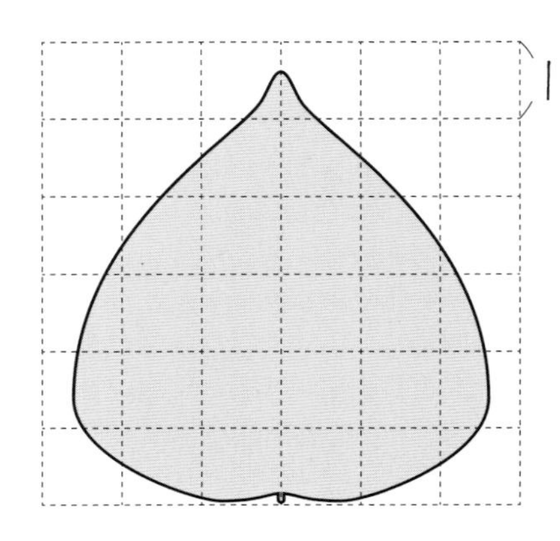

1 cm

※ □ や □ は、1つ0.5cm² と考えます。

この図は、およそ何 cm² と考えればよいですか。

式

答え

②

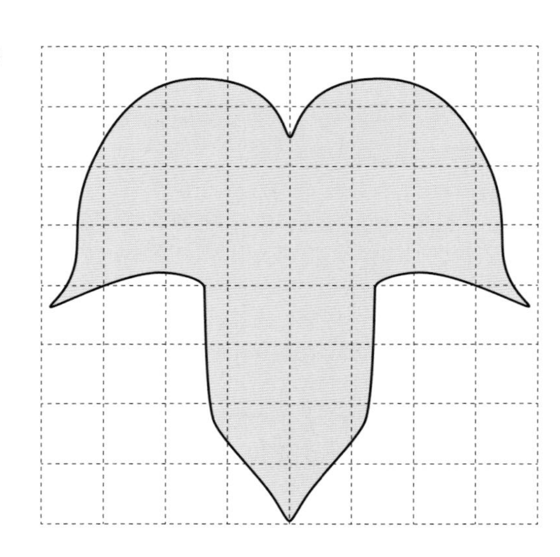

式

答え

③

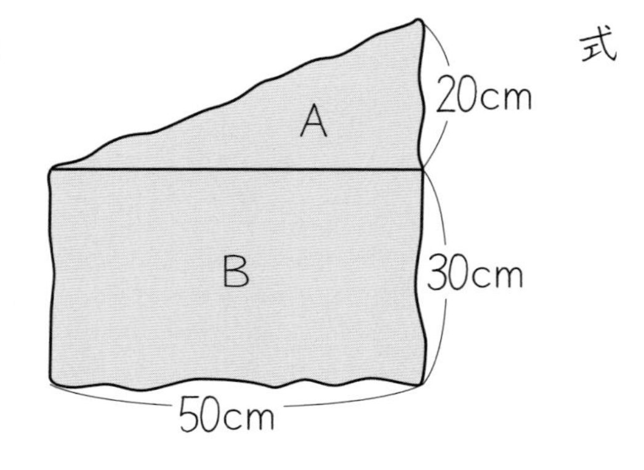

式

答え

およその体積

名前

1 おふろのおよその容積を求めましょう。

式

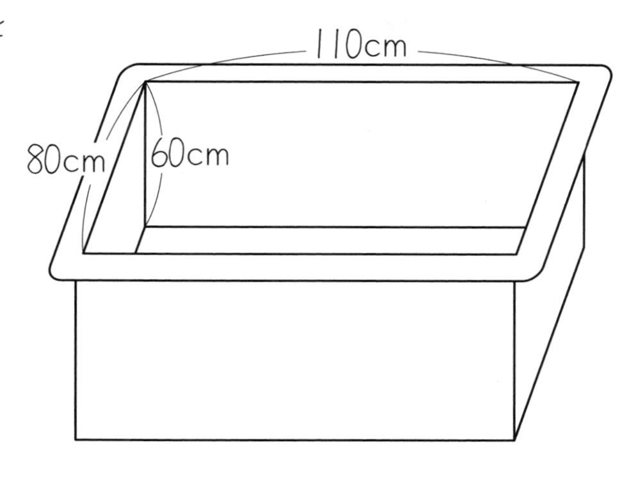

答え

2 タンスのおよその体積を求めましょう。

式

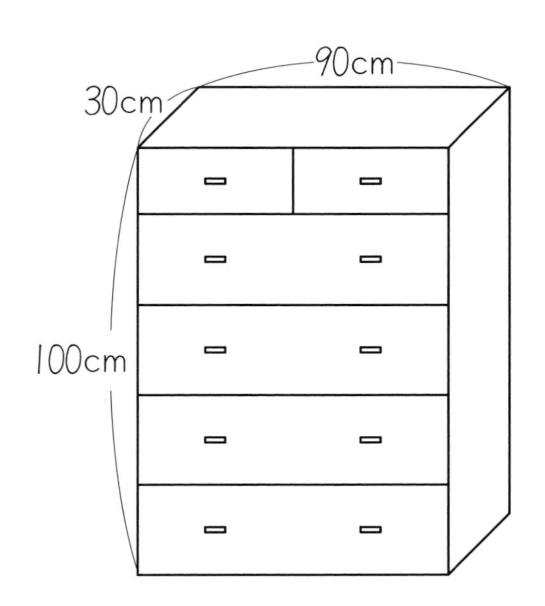

答え

答　え

〔P. 3〕

1
① $40\times5=200$　　200円
② $y=40\times x$

2
① $y=5\times x$
② $5\times6=30$　　30cm^2

〔P. 4〕

1
① $y=1000-x$
② $1000-600=400$　　400円

2
① $y=30-x$
② $30-13=17$　　17m

3 $y=80+x$

〔P. 5〕

1
① $y=80+x\times3$
②

えんぴつの値段 x(円)	30	50	70
代　　金 y(円)	170	230	290

2
① $y=150\times x+300$
②

りんごの個数 x(個)	5	6	7
代　　金 y(円)	1050	1200	1350

〔P. 6〕

1 $x+120=170$,　$x=170-120$
$x=50$　　50円

2 $x\times5=600$,　$x=600\div5$
$x=120$　　120円

3
① 350　② 350
③ 4　④ 24

〔P. 7〕

1
① $y=150\times x+100$
②

x(個)	4	5	6	7	8
y(円)	700	850	1000	1150	1300

③ 7個
④ $150\times x+100=1450$, $150\times x=1350$
$x=1350\div150$, $x=9$　　9個

2
① 4　② 4
③ 3　④ 40

〔P. 8〕

1 ① $y=150\times x$　② $y=1000-x$

2 ① ㋑　② ㋐

3 ① 16　② 20　③ 70

〔P. 9〕

1
① $y=x\times6$
② $8\times6=48$　　48cm^2
③ $10\times6=60$　　60cm^2

2 ① ㋒　② ㋑　③ ㋐　④ ㋓

〔P. 10〕

① $\frac{1}{10}$m^2　② 3つ, $\frac{3}{10}$m^2

〔P. 11〕

① $\frac{1\times1}{2\times3}=\frac{1}{6}$　② $\frac{3\times1}{4\times4}=\frac{3}{16}$

③ $\frac{3\times3}{4\times5}=\frac{9}{20}$　④ $\frac{3\times3}{8\times5}=\frac{9}{40}$

⑤ $\frac{4\times7}{5\times9}=\frac{28}{45}$　⑥ $\frac{2\times1}{5\times3}=\frac{2}{15}$

⑦ $\frac{2\times2}{5\times5}=\frac{4}{25}$　⑧ $\frac{1\times5}{7\times6}=\frac{5}{42}$

⑨ $\frac{3\times5}{7\times4}=\frac{15}{28}$　⑩ $\frac{2\times4}{7\times5}=\frac{8}{35}$

〔P. 12〕

① $\frac{\overset{1}{\cancel{2}}\times1}{3\times\underset{3}{\cancel{6}}}=\frac{1}{9}$　② $\frac{\overset{1}{\cancel{2}}\times1}{5\times\underset{2}{\cancel{4}}}=\frac{1}{10}$

③ $\frac{\overset{1}{\cancel{3}}\times5}{7\times\underset{2}{\cancel{6}}}=\frac{5}{14}$　④ $\frac{\overset{1}{\cancel{3}}\times2}{5\times\underset{1}{\cancel{3}}}=\frac{2}{5}$

⑤ $\frac{\overset{1}{\cancel{2}}\times1}{5\times\underset{1}{\cancel{2}}}=\frac{1}{5}$　⑥ $\frac{\overset{1}{\cancel{5}}\times7}{6\times\underset{2}{\cancel{10}}}=\frac{7}{12}$

⑦ $\frac{\overset{1}{\cancel{3}}\times1}{4\times\underset{3}{\cancel{9}}}=\frac{1}{12}$　⑧ $\frac{\overset{1}{\cancel{5}}\times3}{8\times\underset{1}{\cancel{5}}}=\frac{3}{8}$

⑨ $\frac{\overset{2}{\cancel{4}}\times1}{9\times\underset{3}{\cancel{6}}}=\frac{2}{27}$　⑩ $\frac{\overset{1}{\cancel{3}}\times1}{8\times\underset{2}{\cancel{6}}}=\frac{1}{16}$

〔P. 13〕

① $\frac{5}{8}$ ② $\frac{9}{14}$ ③ $\frac{1}{9}$ ④ $\frac{1}{8}$

⑤ $\frac{3}{14}$ ⑥ $\frac{5}{14}$ ⑦ $\frac{1}{6}$ ⑧ $\frac{3}{14}$

⑨ $\frac{9}{22}$ ⑩ $\frac{3}{14}$

〔P. 14〕

① $\frac{1}{2}$ ② $\frac{1}{2}$ ③ $\frac{1}{2}$ ④ $\frac{1}{4}$

⑤ $\frac{1}{3}$ ⑥ $\frac{1}{6}$ ⑦ $\frac{1}{5}$ ⑧ $\frac{3}{4}$

⑨ $\frac{2}{3}$ ⑩ $\frac{1}{4}$

〔P. 15〕

① $\frac{3}{20}$ ② $\frac{7}{12}$ ③ $\frac{4}{15}$ ④ $\frac{1}{4}$

⑤ $\frac{3}{8}$ ⑥ $\frac{1}{12}$ ⑦ $\frac{1}{3}$ ⑧ $\frac{1}{6}$

⑨ $\frac{1}{6}$ ⑩ $\frac{2}{3}$

〔P. 16〕

① $\frac{4}{3}$ ② $\frac{12}{5}$ ③ $\frac{6}{7}$ ④ $\frac{3}{8}$

⑤ $\frac{3}{4}$ ⑥ $\frac{5}{8}$ ⑦ $\frac{4}{5}$ ⑧ $\frac{3}{7}$

〔P. 17〕

① $\frac{4}{3}$ ② $\frac{15}{8}$ ③ $\frac{3}{5}$ ④ $\frac{3}{2}$

⑤ $\frac{10}{3}$ ⑥ $\frac{10}{3}$ ⑦ $\frac{6}{5}$ ⑧ $\frac{3}{7}$

〔P. 18〕

① $\frac{15}{16}$ ② $\frac{2}{5}$ ③ $\frac{4}{9}$ ④ $\frac{4}{7}$

⑤ $\frac{5}{9}$ ⑥ $\frac{3}{5}$ ⑦ $\frac{6}{7}$ ⑧ $\frac{9}{16}$

〔P. 19〕

① $\frac{2}{3}$ ② $\frac{2}{3}$ ③ $\frac{1}{2}$ ④ $\frac{1}{4}$

⑤ $\frac{3}{4}$ ⑥ $\frac{5}{9}$ ⑦ $\frac{1}{9}$ ⑧ $\frac{3}{8}$

〔P. 20〕

① $1\frac{1}{14}$ ② $1\frac{1}{3}$ ③ $4\frac{4}{9}$

④ $5\frac{1}{3}$ ⑤ 6 ⑥ 2

〔P. 21〕

① 2 ② $1\frac{2}{5}$ ③ $\frac{3}{4}$

④ $3\frac{1}{3}$ ⑤ $4\frac{1}{2}$ ⑥ $4\frac{1}{6}$

⑦ 15 ⑧ $6\frac{3}{4}$

〔P. 22〕

① $\frac{3}{14}$ ② $\frac{16}{15}$ ③ $\frac{5}{6}$ ④ $\frac{2}{7}$

⑤ $\frac{5}{9}$ ⑥ $\frac{1}{9}$ ⑦ $\frac{1}{10}$ ⑧ $\frac{1}{5}$

⑨ $\frac{3}{2}$ ⑩ $\frac{6}{5}$

〔P. 23〕

1 ① $\frac{10}{21}$ ② $\frac{1}{8}$ ③ $\frac{2}{3}$

④ $\frac{1}{6}$　⑤ $\frac{2}{9}$　⑥ $\frac{1}{4}$

2 $\frac{5}{4}\times\frac{6}{5}=\frac{3}{2}$　　$\frac{3}{2}$ m²

3 $\frac{3}{7}\times\frac{3}{4}=\frac{9}{28}$　　$\frac{9}{28}$ L

〔P. 24〕

1 ① 1　② 1

2 ① $\frac{3}{2}$　② $\frac{5}{4}$　③ $\frac{7}{8}$　④ $\frac{9}{10}$

⑤ $1\frac{2}{5}=\frac{7}{5} \rightarrow \frac{5}{7}$

⑥ $2\frac{1}{8}=\frac{17}{8} \rightarrow \frac{8}{17}$

3 ① $\frac{1}{4}$　② $\frac{1}{6}$　③ $\frac{1}{15}$

④ $0.3=\frac{3}{10} \rightarrow \frac{10}{3}$

⑤ $0.9=\frac{9}{10} \rightarrow \frac{10}{9}$

⑥ $1.9=\frac{19}{10} \rightarrow \frac{10}{19}$

〔P. 25〕

1 ① $\frac{5}{3}$　② $\frac{7}{4}$　③ $\frac{6}{5}$　④ $\frac{10}{3}$

⑤ $\frac{4}{7}$　⑥ $\frac{6}{13}$　⑦ $\frac{8}{11}$　⑧ $\frac{5}{11}$

2 ① $\frac{1}{3}$　② $\frac{1}{5}$　③ $\frac{1}{7}$　④ $\frac{1}{9}$

⑤ $\frac{10}{7}$　⑥ 10　⑦ $\frac{10}{11}$　⑧ $\frac{10}{13}$

〔P. 26〕

① $\frac{1}{5}$ m²　② 4つ, $\frac{4}{5}$ m²

〔P. 27〕

① $\frac{3\times3}{5\times2}=\frac{9}{10}$　② $\frac{2\times8}{7\times3}=\frac{16}{21}$

③ $\frac{2\times4}{3\times3}=\frac{8}{9}$　④ $\frac{1\times8}{5\times5}=\frac{8}{25}$

⑤ $\frac{1\times7}{6\times2}=\frac{7}{12}$　⑥ $\frac{1\times5}{4\times3}=\frac{5}{12}$

⑦ $\frac{5\times5}{9\times3}=\frac{25}{27}$　⑧ $\frac{1\times7}{4\times4}=\frac{7}{16}$

⑨ $\frac{5\times8}{7\times3}=\frac{40}{21}$　⑩ $\frac{4\times8}{5\times5}=\frac{32}{25}$

〔P. 28〕

① $\frac{{}^{1}\cancel{2}\times5}{3\times\cancel{4}_{2}}=\frac{5}{6}$　② $\frac{{}^{1}\cancel{5}\times11}{6\times\cancel{10}_{2}}=\frac{11}{12}$

③ $\frac{{}^{1}\cancel{5}\times7}{12\times\cancel{5}_{1}}=\frac{7}{12}$　④ $\frac{{}^{1}\cancel{2}\times7}{5\times\cancel{4}_{2}}=\frac{7}{10}$

⑤ $\frac{{}^{1}\cancel{2}\times5}{7\times\cancel{2}_{1}}=\frac{5}{7}$　⑥ $\frac{{}^{2}\cancel{4}\times7}{5\times\cancel{6}_{3}}=\frac{14}{15}$

⑦ $\frac{{}^{1}\cancel{4}\times9}{7\times\cancel{4}_{1}}=\frac{9}{7}$　⑧ $\frac{{}^{1}\cancel{3}\times11}{5\times\cancel{9}_{3}}=\frac{11}{15}$

⑨ $\frac{{}^{1}\cancel{4}\times11}{7\times\cancel{8}_{2}}=\frac{11}{14}$　⑩ $\frac{{}^{2}\cancel{4}\times7}{9\times\cancel{6}_{3}}=\frac{14}{27}$

〔P. 29〕

① $\frac{3}{5}$　② $\frac{6}{7}$　③ $\frac{9}{10}$　④ $\frac{6}{7}$

⑤ $\frac{15}{16}$　⑥ $\frac{5}{6}$　⑦ $\frac{4}{9}$　⑧ $\frac{2}{5}$

⑨ $\frac{2}{3}$　⑩ $\frac{6}{7}$

〔P. 30〕

① $\frac{3}{4}$　② $\frac{3}{4}$　③ $\frac{1}{2}$　④ $\frac{1}{3}$

⑤ $\frac{5}{12}$　⑥ $\frac{5}{6}$　⑦ $\frac{2}{3}$　⑧ $\frac{1}{2}$

⑨ $\frac{4}{5}$　⑩ $\frac{1}{2}$

〔P. 31〕

① $\frac{2}{3}$　② $\frac{3}{4}$　③ $\frac{2}{3}$　④ $\frac{5}{3}$

⑤ $\frac{1}{2}$　⑥ $\frac{1}{2}$　⑦ $\frac{5}{4}$　⑧ $\frac{14}{15}$

⑨ $\frac{25}{24}$　⑩ $\frac{20}{9}$

〔P. 32〕

① $\frac{5}{36}$　② $\frac{1}{14}$　③ $\frac{1}{10}$　④ $\frac{3}{32}$

⑤ $\frac{3}{20}$　⑥ $\frac{2}{33}$　⑦ $\frac{5}{42}$　⑧ $\frac{2}{21}$

〔P. 33〕

① $\frac{1}{8}$　② $\frac{4}{15}$　③ $\frac{3}{14}$　④ $\frac{3}{14}$

⑤ $\frac{2}{27}$　⑥ $\frac{3}{16}$　⑦ $\frac{3}{20}$　⑧ $\frac{4}{35}$

〔P. 34〕

① $1\frac{1}{20}$　② $3\frac{3}{4}$　③ $1\frac{11}{14}$

④ $2\frac{1}{4}$　⑤ $1\frac{1}{14}$　⑥ $\frac{4}{9}$

〔P. 35〕

① $\frac{14}{15}$　② 2　③ $1\frac{1}{2}$

④ $2\frac{1}{4}$　⑤ $3\frac{3}{4}$　⑥ $1\frac{1}{20}$

⑦ $\frac{9}{10}$　⑧ $1\frac{1}{3}$

〔P. 36〕

① $\frac{3}{4}$　② $\frac{2}{5}$　③ $\frac{6}{5}$　④ $\frac{6}{7}$

⑤ $\frac{1}{2}$　⑥ $\frac{6}{7}$　⑦ $\frac{1}{3}$　⑧ $\frac{2}{15}$

⑨ $\frac{3}{4}$　⑩ $\frac{3}{7}$

〔P. 37〕

1 ① $\frac{5}{14}$　② $\frac{7}{15}$

③ $\frac{2}{3}$　④ $\frac{5}{6}$

⑤ $\frac{21}{20}\left(1\frac{1}{20}\right)$　⑥ $\frac{25}{12}\left(2\frac{1}{12}\right)$

2 $\frac{3}{7}\div\frac{4}{3}=\frac{9}{28}$　　$\frac{9}{28}\,\mathrm{m}^2$

3 $\frac{6}{7}\div\frac{3}{5}=1\frac{3}{7}$　　$1\frac{3}{7}\,\mathrm{L}$

〔P. 38〕

1 ① $\frac{7}{10}\times\frac{3}{7}=\frac{\overset{1}{\cancel{7}}\times 3}{10\times\underset{1}{\cancel{7}}}=\frac{3}{10}$

② $\frac{2}{3}\div\frac{3}{10}=\frac{2\times 10}{3\times 3}=\frac{20}{9}$

2 ① $\frac{3}{1}\div\frac{7}{1}\times\frac{7}{10}=\frac{3\times 1\times\overset{1}{\cancel{7}}}{1\times\underset{1}{\cancel{7}}\times 10}=\frac{3}{10}$

② $\frac{9}{10}\times\frac{5}{1}\times\frac{1}{3}=\frac{\overset{3}{\cancel{9}}\times\overset{1}{\cancel{5}}\times 1}{\underset{2}{\cancel{10}}\times 1\times\underset{1}{\cancel{3}}}=\frac{3}{2}$

③ $\frac{7}{4}\div\frac{7}{1}\times\frac{6}{5}=\frac{\overset{1}{\cancel{7}}\times 1\times\overset{3}{\cancel{6}}}{\underset{2}{\cancel{4}}\times\underset{1}{\cancel{7}}\times 5}=\frac{3}{10}$

〔P. 39〕

① $\frac{1}{3}\div\frac{7}{10}\times\frac{8}{5}=\frac{1\times10\times8}{3\times7\times5}=\frac{16}{21}$

② $\frac{6}{10}\times\frac{2}{5}\div\frac{7}{15}=\frac{6\times2\times15}{10\times5\times7}=\frac{18}{35}$

③ $\frac{5}{8}\div\frac{3}{10}\times\frac{9}{5}=\frac{5\times10\times9}{8\times3\times5}=\frac{15}{4}$

④ $\frac{3}{10}\div\frac{7}{10}\div\frac{3}{4}=\frac{3\times10\times4}{10\times7\times3}=\frac{4}{7}$

⑤ $\frac{3}{7}\times\frac{14}{9}\div\frac{5}{10}=\frac{3\times14\times10}{7\times9\times5}=\frac{4}{3}$

〔P. 40〕

① $\frac{4}{5}\times\left(\frac{9}{24}+\frac{4}{24}\right)=\frac{4}{5}\times\frac{13}{24}=\frac{4\times13}{5\times24}=\frac{13}{30}$

② $\left(\frac{14}{18}-\frac{3}{18}\right)\div\frac{11}{6}=\frac{11}{18}\div\frac{11}{6}=\frac{11\times6}{18\times11}=\frac{1}{3}$

③ $\frac{11}{16}\div\left(\frac{6}{8}+\frac{5}{8}\right)=\frac{11}{16}\div\frac{11}{8}=\frac{11\times8}{16\times11}=\frac{1}{2}$

④ $\left(\frac{5}{6}-\frac{2}{6}\right)\times\frac{6}{7}=\frac{3}{6}\times\frac{6}{7}=\frac{3\times6}{6\times7}=\frac{3}{7}$

⑤ $\frac{10\times4}{21\times5}+\frac{4}{7}=\frac{8}{21}+\frac{4}{7}=\frac{8}{21}+\frac{12}{21}=\frac{20}{21}$

〔P. 41〕

① $\frac{1}{6}+\frac{7\times5}{15\times14}=\frac{1}{6}+\frac{1}{6}=\frac{2}{6}=\frac{1}{3}$

② $\frac{9\times8}{56\times3}-\frac{3}{14}=\frac{3}{7}-\frac{3}{14}=\frac{6}{14}-\frac{3}{14}=\frac{3}{14}$

③ $\frac{2}{7}-\frac{5\times6}{12\times35}=\frac{2}{7}-\frac{1}{14}=\frac{4}{14}-\frac{1}{14}=\frac{3}{14}$

④ $\frac{2}{5}\times\left(\frac{8}{10}-\frac{3}{10}\right)=\frac{2}{5}\times\frac{5}{10}=\frac{2\times5}{5\times10}=\frac{1}{5}$

⑤ $\left(\frac{28}{36}-\frac{15}{36}\right)\div\frac{13}{12}=\frac{13}{36}\div\frac{13}{12}=\frac{13\times12}{36\times13}=\frac{1}{3}$

〔P. 42〕

① $\frac{40}{60}$時間 → $\frac{2}{3}$時間

② $\frac{30}{60}$時間 → $\frac{1}{2}$時間

③ $\frac{5}{60}$時間 → $\frac{1}{12}$時間

④ $\frac{15}{60}$時間 → $\frac{1}{4}$時間

⑤ $\frac{10}{60}$時間 → $\frac{1}{6}$時間

⑥ $\frac{45}{60}$時間 → $\frac{3}{4}$時間

〔P. 43〕

① $60\times\frac{3}{4}$分 → 45分

② $60\times\frac{1}{2}$分 → 30分

③ $60\times\frac{2}{3}$分 → 40分

④ $60\times\frac{2}{5}$分 → 24分

⑤ $60\times\frac{1}{12}$分 → 5分

⑥ $60\times\frac{1}{6}$分 → 10分

〔P. 44〕

1 ① $\frac{3}{5}$　② 4　③ $\frac{4}{15}$

④ $\frac{16}{9}$ $\left(1\frac{7}{9}\right)$　⑤ $\frac{7}{8}$　⑥ $\frac{1}{4}$

2 ① 15分　② 50分

3 ① $\frac{1}{7}$ ② $\frac{10}{3}$

〔P. 45〕

1 ① $\frac{1}{4}$ ② $\frac{1}{10}$ ③ $\frac{1}{2}$

④ $\frac{7}{4}\left(1\frac{3}{4}\right)$ ⑤ $\frac{4}{7}$ ⑥ $\frac{13}{30}$

2 ① $\frac{2}{3}$時間 ② $\frac{1}{6}$時間

③ $\frac{1}{12}$時間 ④ $\frac{3}{4}$時間

〔P. 46〕

① 69個 ② 17個

③ 69+17×0.5=77.5 77.5cm²

④ 77.5×4=310 310cm²

〔P. 47〕

① 16×40÷2=320 約320cm²

② 底辺 4×8=32

32×10=320 約320cm²

③ 上底は 4×3=12

下底は 4×5=20

高さは半径の2倍で20

(12+20)×20÷2=320 約320cm²

〔P. 48〕

1 円周は 10×2×3.14=62.8

62.8×10÷2=314 314cm²

2 円周の半分は 10×2×3.14÷2=31.4

10×31.4=314 314cm²

〔P. 49〕

① 2×2×3.14=12.56 12.56cm²

② 3×3×3.14=28.26 28.26cm²

③ 10×10×3.14=314 314cm²

④ 12×12×3.14=452.16 452.16cm²

⑤ 25×25×3.14=1962.5 1962.5cm²

〔P. 50〕

① 4÷2=2

2×2×3.14=12.56 12.56cm²

② 8÷2=4

4×4×3.14=50.24 50.24cm²

③ 16÷2=8

8×8×3.14=200.96 200.96cm²

④ 20÷2=10

10×10×3.14=314 314cm²

⑤ 70÷2=35

35×35×3.14=3846.5 3846.5cm²

〔P. 51〕

① 4×4×3.14÷2=25.12 25.12cm²

② 6×6×3.14÷4=28.26 28.26cm²

③ 6×6÷2=18

②より 28.26−18=10.26 10.26cm²

④ ③より 10.26×2=20.52 20.52cm²

〔P. 52〕

① 円の3分の1の面積なので

3×3×3.14÷3=9.42 9.42cm²

② 半径8cmの円の4分の1を右に移すと1辺が8cmの正方形になるので

8×8=64 64cm²

③ 半径4cmの円の半分が3個分なので

4×4×3.14÷2=25.12

25.12×3=75.36 75.36cm²

④ 直径が6cmの半円を左に移すと半径6cmの半円となるので

6×6×3.14÷2=56.52 56.52cm²

〔P. 53〕

① 白い4つの部分は半径4cmの円と同じ面積なので，1辺8cmの正方形からひくと

8×8−4×4×3.14=64−50.24

=13.76 13.76cm²

② 6×6×3.14=113.04

4×4×3.14=50.24

113.04−50.24=62.8 62.8cm²

③ 4つの●の部分の面積は

●=◸+◺−□を使って，

8×8×3.14÷4＝50.24
50.24×2－8×8＝36.48
これが4つ分なので
36.48×4＝145.92　　　145.92cm²

〔P. 54〕

① 10×10×3.14÷8＝39.25　　39.25cm²
② 7×7×3.14－14×14÷2
＝153.86－98＝55.86　　55.86cm²
③ 半径6cmの半円と同じで
6×6×3.14÷2＝56.52　　56.52cm²
④ 10×10×3.14÷4＝78.5
78.5×2－10×10＝57　　57cm²

〔P. 55〕

① 10×10－5×5×3.14
＝100－78.5＝21.5　　21.5cm²
② 5×5×3.14÷2＝39.25
2.5×2.5×3.14＝19.625
39.25＋19.625＝58.875　　58.875cm²
③ 10×10－5×5×3.14
＝100－78.5＝21.5　　21.5cm²
④ 6×6×3.14÷2＝56.52
3×3×3.14＝28.26
56.52－28.26＝28.26　　28.26cm²

〔P. 56〕

㋐，㋒

〔P. 57〕

1 ① 点Bと点H，点Cと点G
点Dと点F
② 角Bと角H，角Cと角G
角Dと角F
③ 辺ABと辺AH，辺BCと辺HG
辺CDと辺GF，辺DEと辺FE

2 点Aと点B，点Fと点D

〔P. 58〕

1 ① 直角に交わる　② 同じ長さ
③ 同じ長さ

2 ① 4cm　② 2cm　③ 180°

〔P. 59〕

①
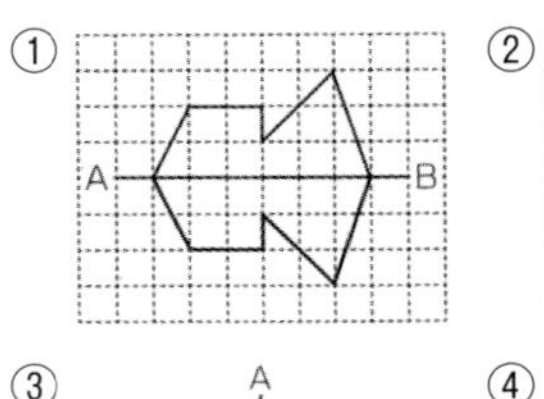

②
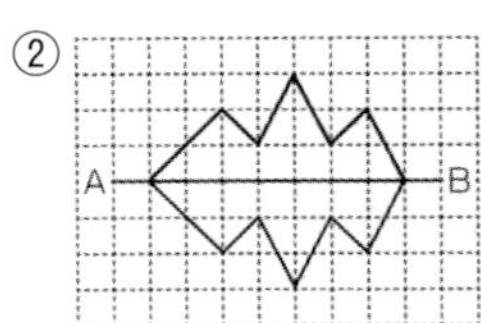

③

④
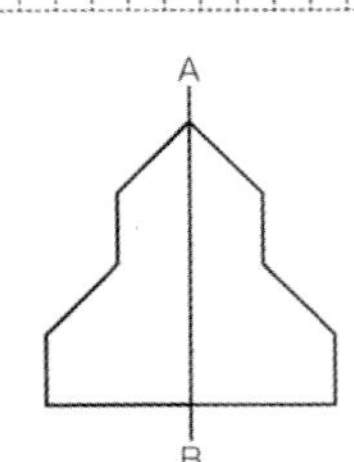

⑤
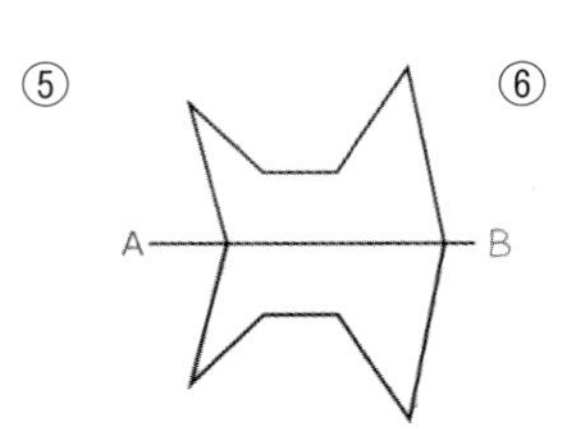

⑥
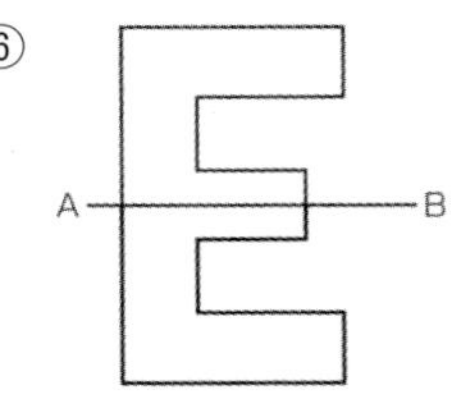

〔P. 60〕

①
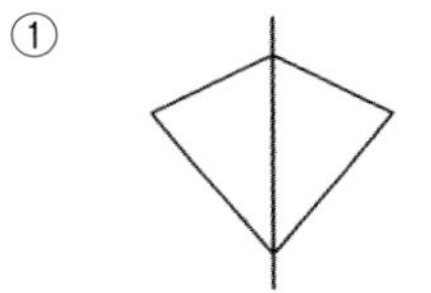

②
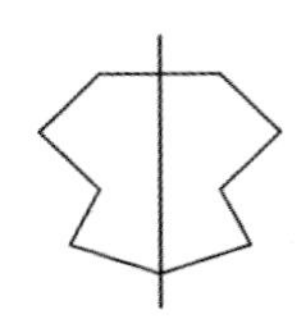

③
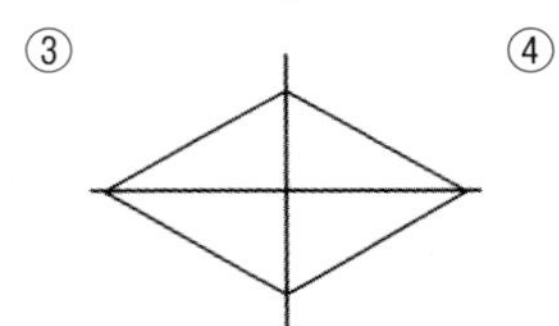

④
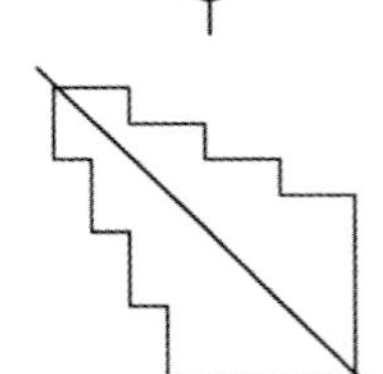

⑤
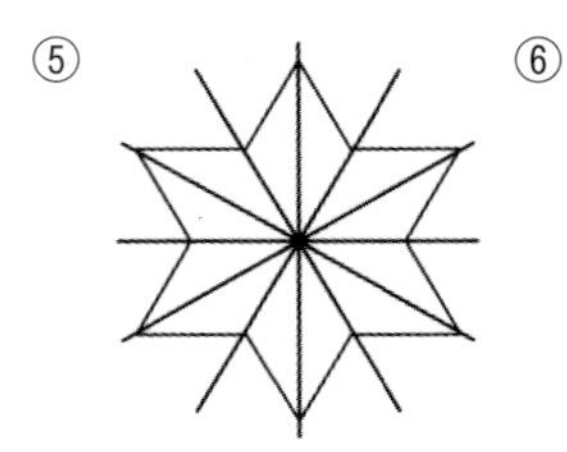

⑥

〔P. 61〕

1 180°

2 ① 点Aと点D，点Bと点E
点Cと点F
② 辺ABと辺DE，辺BCと辺EF
辺CDと辺FA
③ 角EFA，角FAB

〔P. 62〕

1 ① 対称の中心
② 同じ長さ

2 ① ②

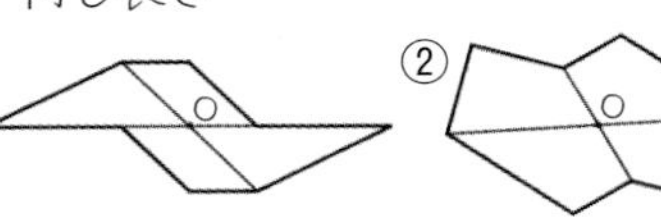

〔P. 63〕

①

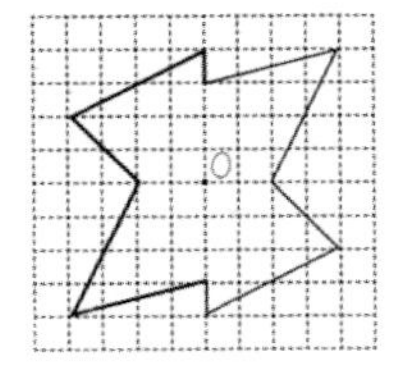

②

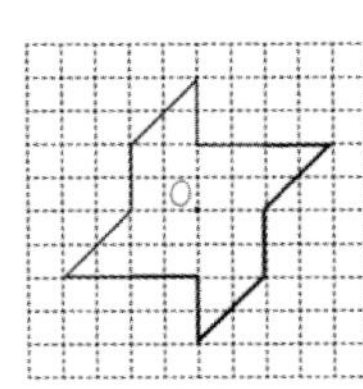

③

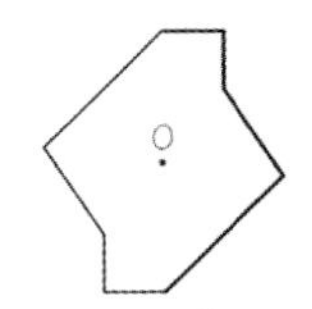

④

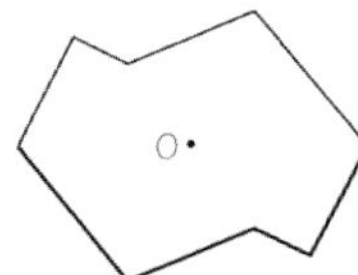

⑤

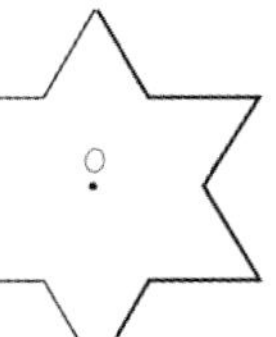

⑥

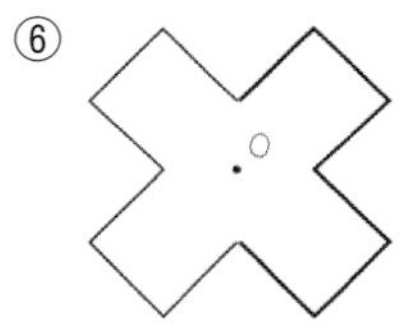

〔P. 64〕

	線対称	軸の数	点対称
正三角形	○	3	×
正四角形 (正方形)	○	4	○
正五角形	○	5	×
正六角形	○	6	○
正八角形	○	8	○
正九角形	○	9	×

〔P. 65〕

省略

〔P. 66〕

1 ① 直角　② 等しく
③ 対称の中心　④ 等しく

2

①

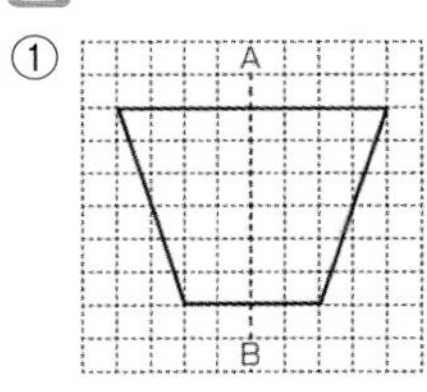

②

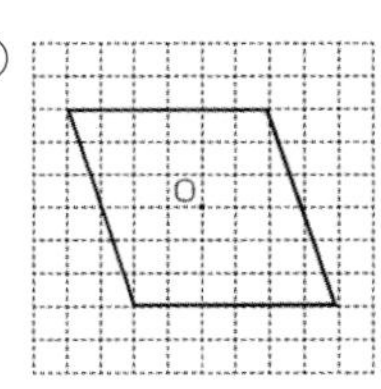

③

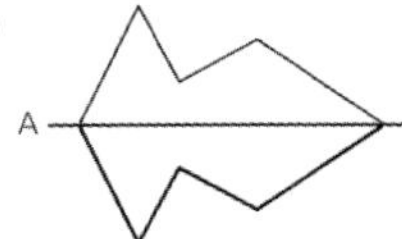

④

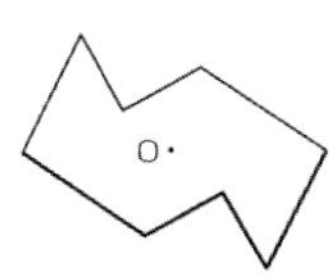

〔P. 67〕

1 ①

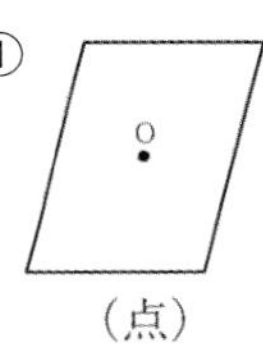

(点)

②

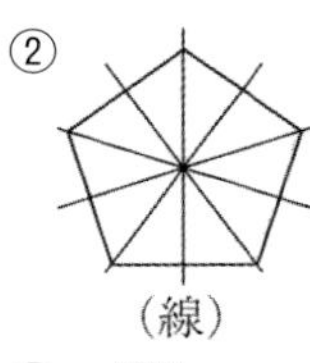

(線)

③

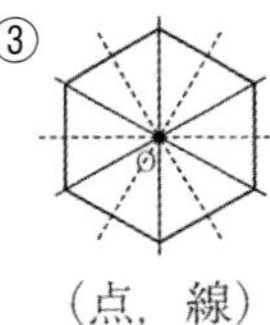

(点, 線)

④

(点)

2 省略

〔P. 68〕

1 3ばい

2 160 : 80

3 80 : 120

4 65 : 41

〔P. 69〕

① $\frac{1}{2}$　② $\frac{4}{5}$　③ $\frac{9}{14}$　④ $\frac{1}{3}$

〔P. 70〕

① 6　② 10　③ 120　④ 250
⑤ 63　⑥ 135　⑦ 60　⑧ 72
⑨ 99　⑩ 90　⑪ 77　⑫ 126

〔P. 71〕

1 ① 1：3　② 1：8
③ 3：7　④ 1：5
⑤ 5：21　⑥ 9：1
⑦ 4：5　⑧ 10：9
⑨ 8：3　⑩ 35：9
⑪ 21：22　⑫ 20：9

2 ②，③，④，⑥

〔P. 72〕

1 8：5＝24：□　15m²

2 6：7＝□：28　24枚

3 $60\times\frac{7}{7+5}=35$，　$60\times\frac{5}{7+5}=25$

山中さん35枚，弟25枚

※山中さんの枚数が35枚と出たとき
60－35＝25として弟の枚数を求めてもよい。

4 $459\times\frac{5}{5+4}=255$，$459\times\frac{4}{5+4}=204$

男255人，女204人

〔P. 73〕

1 $210\times\frac{3}{3+4}=90$，$210\times\frac{4}{3+4}=120$

コーヒー90mL，牛乳120mL

2 4m＝400cm

$400\times\frac{3}{3+5}=150$，$400\times\frac{5}{3+5}=250$

150cmと250cm

3 ① 360：480＝36：48＝3：4

3：4

② $14\times\frac{3}{3+4}=6$，$14\times\frac{4}{3+4}=8$

けんた6本，たつや8本

〔P. 74〕

1 ① 3：1　② 3：4
③ 3：1　④ 5：2
⑤ 21：10　⑥ 22：9

2 ① $\frac{12}{16}=\frac{3}{4}$　② $\frac{42}{51}=\frac{14}{17}$

③ $\frac{2}{3}:\frac{4}{9}=6:4=3:2$　$\frac{3}{2}$

④ 3.2：4＝4：5　$\frac{4}{5}$

3 8：5＝2000：□　1250円

4 $605\times\frac{5}{5+6}=275$，$605\times\frac{6}{5+6}=330$

男275人，女330人

〔P. 75〕

1 ① 1　② 4　③ 2
④ 3　⑤ 6　⑥ 7

2 ① 3：1　② 1：3
③ 8：3　④ 2：3

3 $24\times\frac{3}{3+5}=9$

24－9＝15　9mと15m

4 90÷2＝45

$45\times\frac{2}{2+3}=18$

45－18＝27　縦18m，横27m

〔P. 76〕

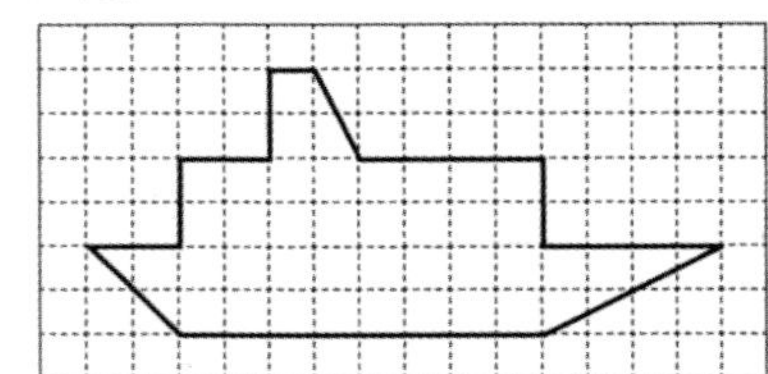

〔P. 77〕

1 ① ㋐ 1：2
㋑ 1：2
㋒ 1：2
② ㋐ 56°，56°
㋑ 42°，42°

2 2：1

〔P. 78〕

① 2倍の拡大図 $\frac{1}{2}$の縮図

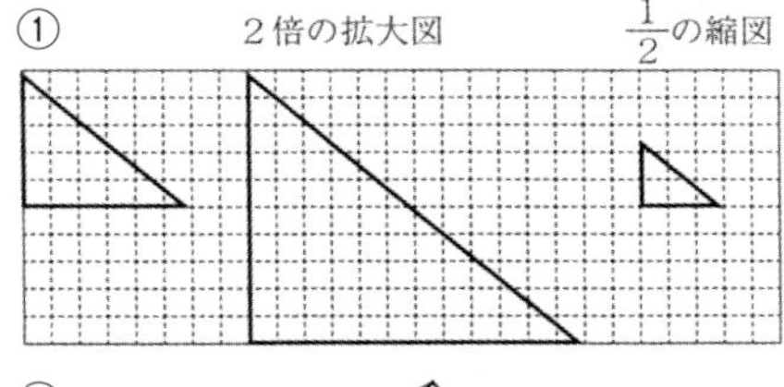

②

5cm

50°

6cm

③

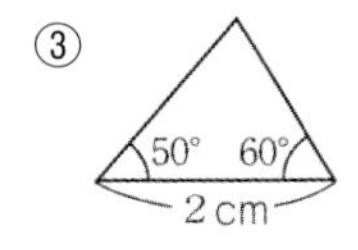

〔P. 79〕

1

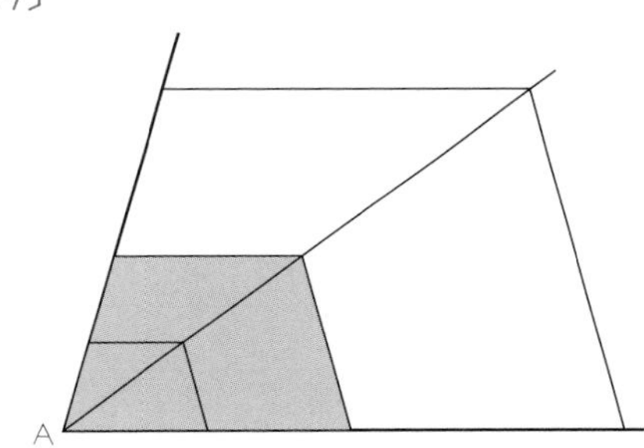

2

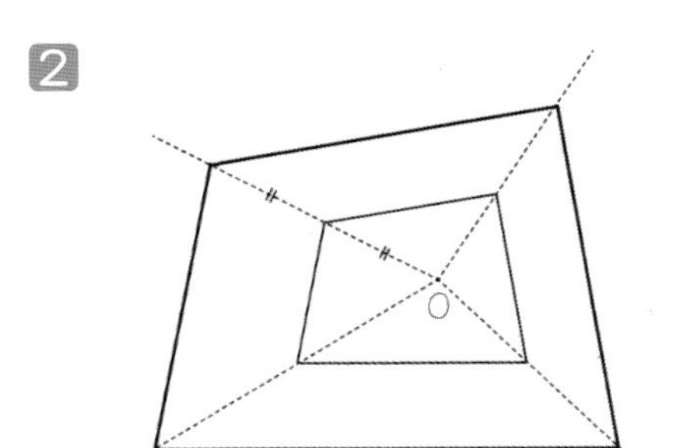

〔P. 80〕

1 1000

2 ① 100m=10000cm

5：10000＝1：2000 $\frac{1}{2000}$

② 土地の縦の長さ

4×2000＝8000 80m

東側の校舎の縦の長さ

3×2000＝6000 60m

〔P. 81〕

1 ① 3：1500＝1：500 $\frac{1}{500}$

② BC＝4.8cm

4.8×500＝2400cm＝24m 24m

2 ① 1:500000 $\frac{1}{500000}$

② 1cmが5kmを表すから

5×5＝25 25km

③ 1cmが5kmを表すから

20÷5＝4 4cm

〔P. 82〕

1 2cm×1000＝2000cm 20m

2 10m＝1000cm

3.5：1000＝35：10000＝7：2000

6÷7×2000＝1714

17.1＋1.5＝18.6 約18.6m

3

6cm

100m：5cm

5：6＝100：□ 120m

〔P. 83〕

1 300m＝30000cm

$30000\times\frac{1}{5000}=6$ 6cm

2 25km＝2500000cm

$2500000\times\frac{1}{200000}=12.5$ 12.5cm

3 10km＝1000000cm

1：1000000 $\frac{1}{1000000}$

4 50m＝5000cm

$5:5000=1:1000$　　$\frac{1}{1000}$

5　$7\times2000=14000$
14000cm ＝140m　　140m

6　$9\times100000=900000$
900000cm ＝9km　　9km

〔P. 84〕

1

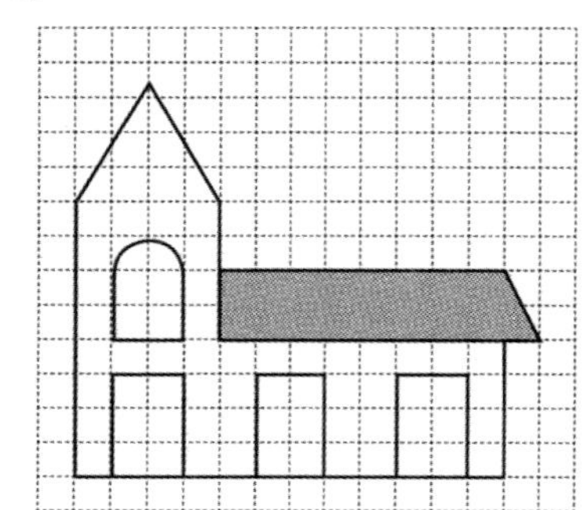

2

3 cm
2 cm
4 cm

3　5km ＝500000cm

$10:500000=1:50000$　　$\frac{1}{50000}$

4　$6\times100000=600000$
600000cm ＝6km　　6km

〔P. 85〕

1　① $1\times2000=2000$cm
　　＝20m　　20m

② $2\times10000=20000$cm
　　＝200m　　200m

③ $3\times25000=75000$cm
　　＝750m　　750m

④ $4\times50000=200000$cm
　　＝2000m
　　＝2km　　2km

2　$3:1800=1:600$
縮図の AC の長さは4.3cm
$4.3\times600=2580$cm
　　＝25.8m　　25.8m

〔P. 86〕

① $\frac{1}{2}$　　② $\frac{1}{3}$

〔P. 87〕

1　① $1\times3=3$，$2\times3=6$
………，$x\times3=y$

② $3\div1=3$，$6\div2=3$，
$9\div3=3$……　$y\div x=3$

2

x	1	2	3	4	5	6
y	1.5	3	4.5	6	7.5	9

$y=1.5\times x$

〔P. 88〕

①

1辺の長さx(cm)	1	2	3	4	5
周りの長さy(cm)	4	8	12	16	20

$y=4\times x$

②

鉄の棒の長さx(cm)	1	2	3	4	5
鉄の棒の重さy(kg)	2.5	5	7.5	10	12.5

$y=2.5\times x$

③

冊 数 x(冊)	1	2	3	4	5
代 金 y(円)	125	250	375	500	625

$y=125\times x$

④

走った時間x(時間)	1	2	3	4	5
走った道のりy(km)	45	90	135	180	225

$y=45\times x$

〔P. 89〕

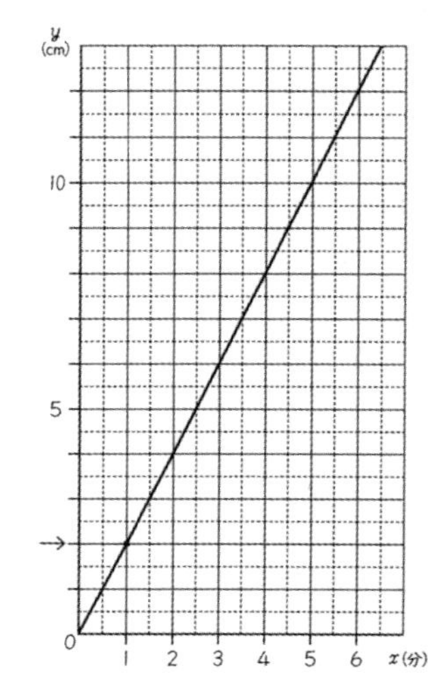

〔P. 90〕

① $y=2.5\times x$

②

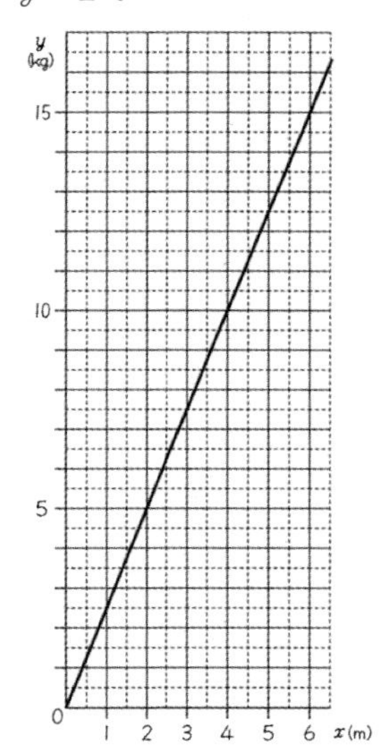

〔P. 91〕

① $y=0.8\times x$

②

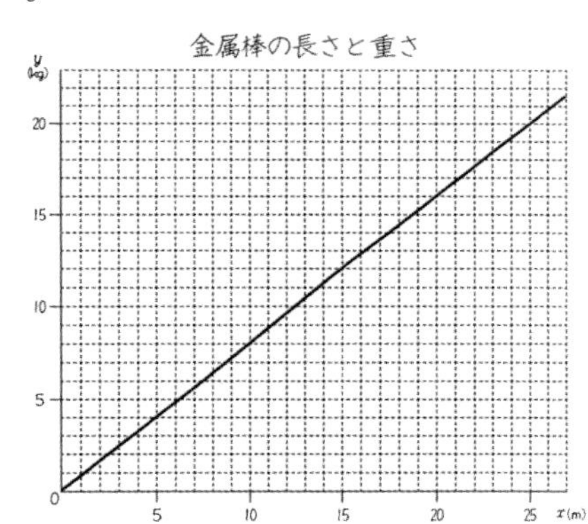

③ 25m

④ 16kg

⑤ $0.8\times30=24$ 24kg

〔P. 92〕

1 ① $y=55\times x$

② $y=95\times x$

③ $y=3.14\times x$

2

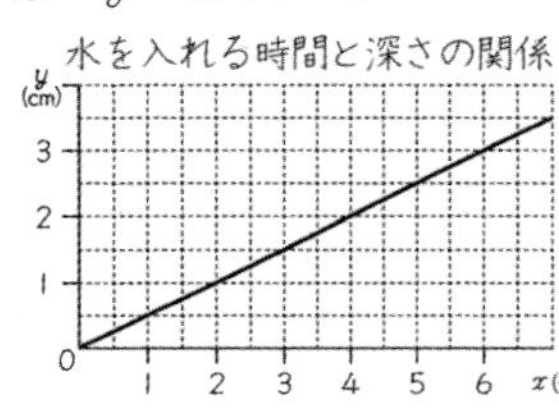

① $y=0.5\times x$

② $0.5\times10=5$ 5cm

〔P. 93〕

1 ① 比例します

② 80(g)

2 ① 5

②

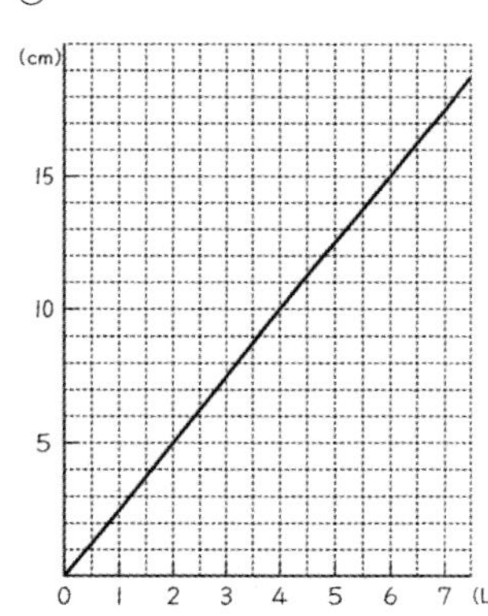

③ $y=2.5\times x$

④ $2.5\times7=17.5$ 17.5cm

〔P. 94〕

①

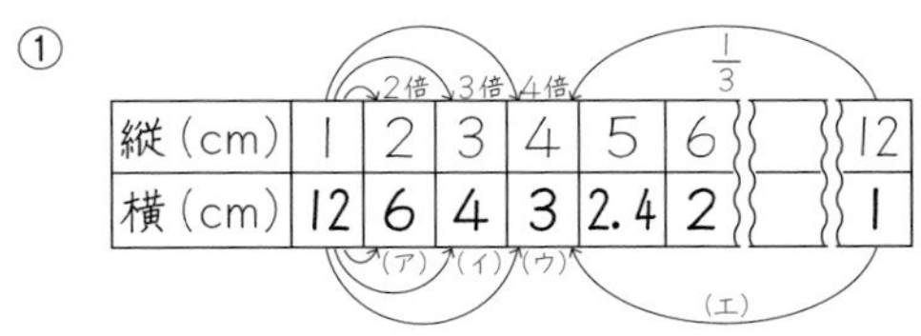

縦(cm)	1	2	3	4	5	6		12
横(cm)	12	6	4	3	2.4	2		1

② ㋐ $\frac{1}{2}$ ㋑ $\frac{1}{3}$ ㋒ $\frac{1}{4}$

③ ㋓ 3倍

④ 決まった数 12

〔P. 95〕

①

縦の長さ(cm)	1	2	3	4	5	6	8	9	10	12
横の長さ(cm)	36	18	12	9	7.2	6	4.5	4	3.6	3

② $x\times y=36$

③ $y=36\div x$

④ 縦が18cmのとき $36\div18=2$ 2cm

縦が20cmのとき $36\div20=1.8$ 1.8cm

縦が24cmのとき　36÷24＝1.5　1.5cm
縦が30cmのとき　36÷30＝1.2　1.2cm

〔P. 96〕

① 反比例
② $y=24\div x$
③

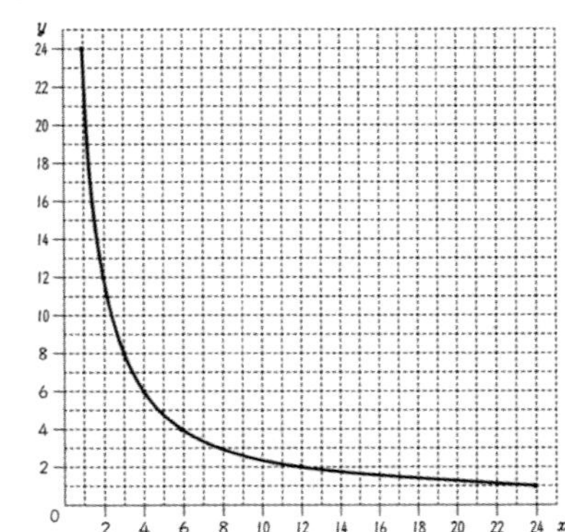

〔P. 97〕

1 ①

1分間に入れる水の量x(L)	1	2	4	5	10	20
いっぱいになる時間y(分)	20	10	5	4	2	1

② $x\times y=20$
　$y=20\div x$
③ $20\div 8=2.5$　2.5L

2 ① $y=120\div x$
　$x=10$のとき　$y=12$
② $y=64\div x$
　$x=10$のとき　$y=6.4$

〔P. 98〕

1 ①

時　速x(km/時)	40	50	60	80	90
かかる時間y(時間)	9	7.2	6	4.5	4

② $y=360\div x$
③ 反比例

2 ① $y=32\div x$
② $y=48\div x$
③ $y=420\div x$

〔P. 99〕

1

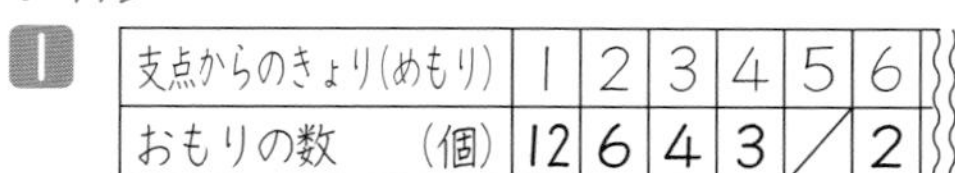

支点からのきょり(めもり)	1	2	3	4	5	6
おもりの数　(個)	12	6	4	3	／	2

2 ①

底辺x(cm)	2	3	4	6	8
高さy(cm)	12	8	6	4	3

$y=24\div x$
$24\div 10=2.4$　2.4cm

②

時速x(km/時)	30	40	50	60	80
時間y　(時)	4	3	2.4	2	1.5

$y=120\div x$
$120\div 100=1.2$　1.2時間

〔P. 100〕

① $y=24\div x$　反比例
② $y=22+x$　その他
③ $y=40\times x$　比例
④ $y=600\div x$　反比例

〔P. 101〕

1 ① $y=60\div x$　反
② $y=25-x$　×
③ $y=36\div x$　反
④ $y=4\times x$　比

2 ① 反　$y=5$
② ×　$y=40$
③ ×　$y=60$
④ 比　$y=500$

〔P. 102〕

1 ① $4\times 2\times 5=40$　40cm^3
② $4\times 2=8$　8cm^2
③ ㋐ $8\times 5=40$　40cm^3
　㋑ 同じ

2 $4\times 3=12$, $12\times 5=60$　60cm^3

〔P. 103〕

1 ① $4\times 2\times 5=40$, $40\div 2=20$
　20cm^3
② $4\times 2\div 2=4$, $4\times 5=20$
　20cm^3

2 ① $4\times 3\div 2=6$, $6\times 5=30$
　30cm^3
② $4\times 5\div 2=10$, $10\times 6=60$
　60cm^3

〔P. 104〕

① 2×4×3＝24　24cm^3

② 24÷2＝12　12cm^3

③ 2×4÷2＝4，4×3＝12　12cm^3

〔P. 105〕

① 6×8＝48，48×2≒96　96cm^3

② 22×8＝176　176cm^3

③ 16×4＝64　64cm^3

④ 10×7＝70　70cm^3

⑤ 3×1÷2＝1.5，1.5×3＝4.5

4.5cm^3

〔P. 106〕

1 ① 底面積

2 ① 4×4×3.14＝50.24

50.24×4＝200.96　200.96cm^3

② 10×10×3.14＝314

314×5＝1570　1570cm^3

〔P. 107〕

① 18×8＝144　144cm^3

② 55×4＝220　220cm^3

③ 2÷2＝1，1×1×3.14＝3.14

3.14×25＝78.5　78.5cm^3

④ 6÷2＝3，3×3×3.14＝28.26

28.26×5＝141.3　141.3cm^3

〔P. 108〕

① 5×5＝25，25×2＝50　50cm^3

② 4×4×3.14＝50.24

50.24×3＝150.72　150.72cm^3

③ 20×4＝80　80cm^3

④ 8×6＝48　48cm^3

〔P. 109〕

① 15×8＝120　120cm^3

② 78.5×4＝314　314cm^3

③ (2＋6)×4÷2＝16

16×6＝96　96cm^3

④ 20÷2＝10，10×10×3.14÷2＝157

157×8＝1256　1256cm^3

⑤ 15×15＝225，225×8＝1800

1800cm^3

〔P. 110〕

① どちらともいえない

② 1組　385÷15＝25.66　25.7m

2組　338÷13＝26　26m

3組　353÷14＝25.21　25.2m

〔P. 111〕

①

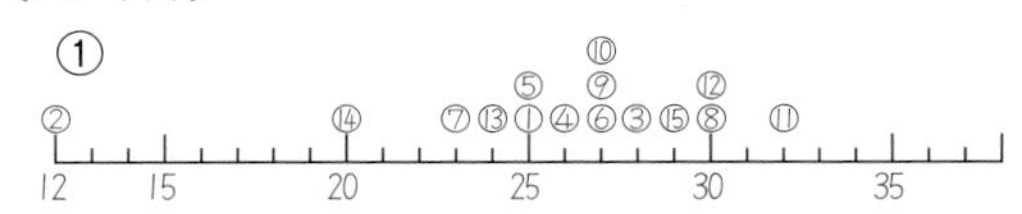

②

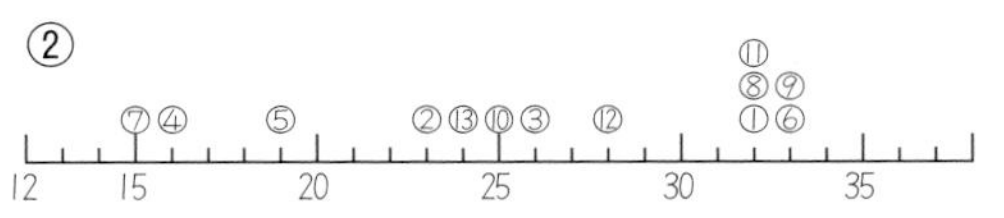

③

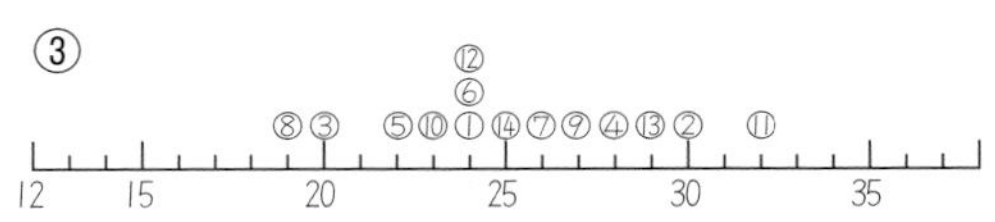

④ 1組 (12m ～32m)

2組 (15m ～33m)

3組 (19m ～32m)

〔P. 112〕

① 記録を小さい順にならべると

12，20，23，24，25，25，26，27，
27，27，28，29，30，30，32

最ひん値27m　中央値27m

② 15，16，19，23，24，25，26，28，
32，32，32，33，33

最ひん値32m　中央値26m

③ 19，20，22，23，24，24，24，25，
26，27，28，29，30，32

$$\frac{24+25}{2}=24.5$$

最ひん値24m　中央値24.5m

〔P. 113〕

ソフトボール投げ

きょり（m）	1組（人）	2組（人）	3組（人）
10以上～15未満	1	0	0
15　～20	0	3	1
20　～25	3	2	6
25　～30	8	3	5
30　～35	3	5	2
合計	15	13	14

〔P. 114〕

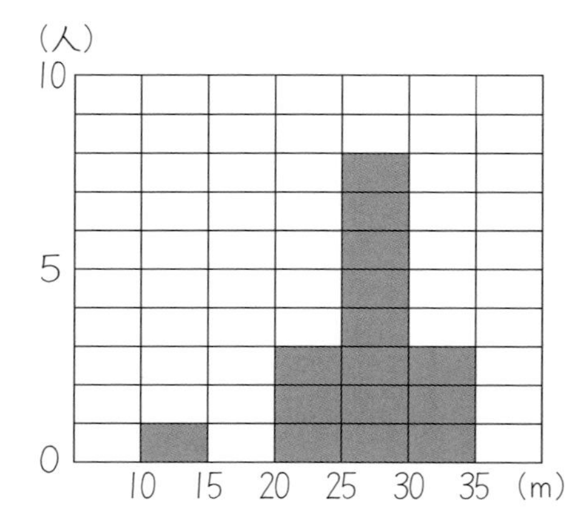

〔P. 115〕

①

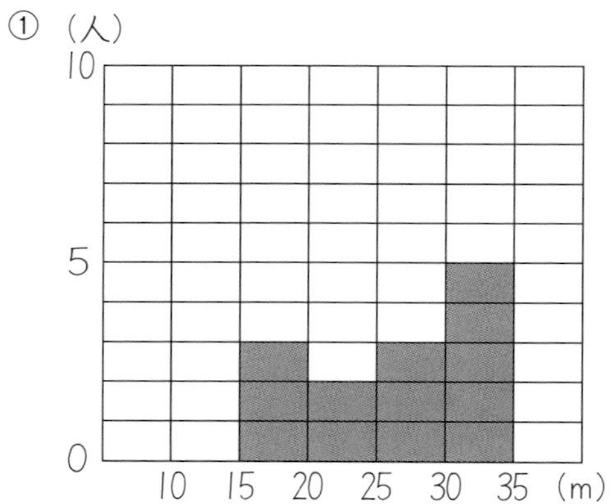

②

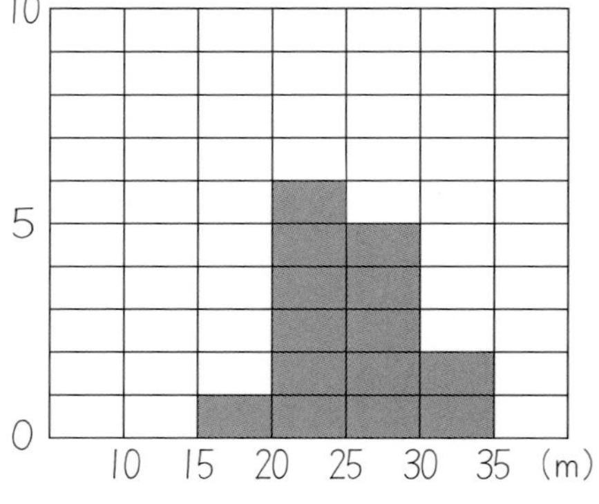

〔P. 116〕

1 ① 17人
② 8秒以上9秒未満
③ 3人
④ 9秒以上10秒未満
⑤ いけない

2 ① 柱状グラフ
② 立ちはばとび（男子）
③ 160cm 以上180cm 未満
④ 3番目まで

〔P. 117〕

① 31＋29＋30＋34＋28＋33＋39＝224
33＋34＋32＋36＋30＋34＋35＝234
38＋31＋32＋35＋36＋34＋33＝239
224＋234＋239＝697
697÷21＝33.19…
＝33.2　　　33.2kg

②

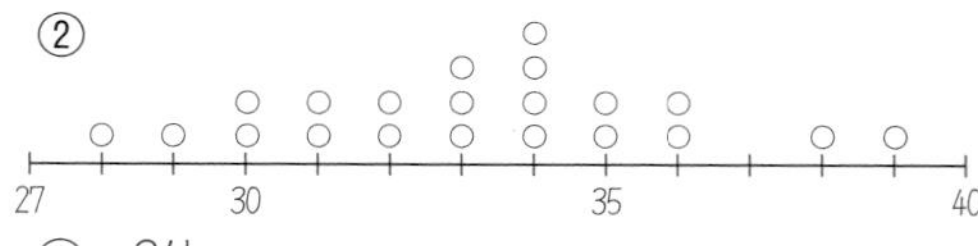

③ 34kg

④ 33kg

〔P. 118〕

1 ①

第1走者	第2走者	第3走者
A	B	C
A	C	B
B	A	C
B	C	A
C	A	B
C	B	A

② 2通り　　③ 6通り

2 567, 576, 657, 675, 756, 765

3

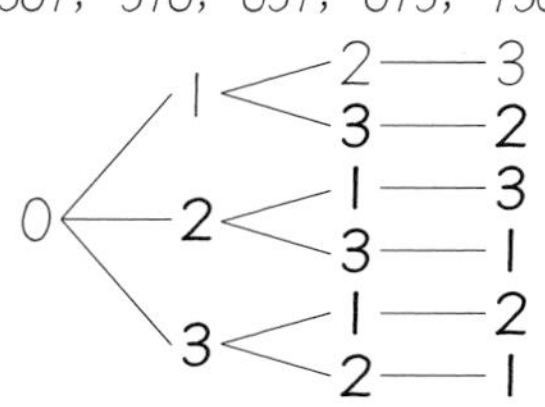

〔P. 119〕

1 ①

第1走者	第2走者	第3走者	第4走者
A	B	C	D
A	B	D	C
A	C	B	D
A	C	D	B
A	D	B	C
A	D	C	B
B	C	D	A
B	C	A	D
B	D	A	C
B	D	C	A
B	A	C	D
B	A	D	C
C	D	A	B
C	D	B	A
C	A	B	D
C	A	D	B
C	B	D	A
C	B	A	D
D	A	B	C
D	A	C	B
D	B	C	A
D	B	A	C
D	C	A	B
D	C	B	A

① 6通り

② 6×4＝24　24通り

2 ① 9999

② 10×10×10×10＝10000通り

〔P. 120〕

1 ① 1回目　2回目　3回目

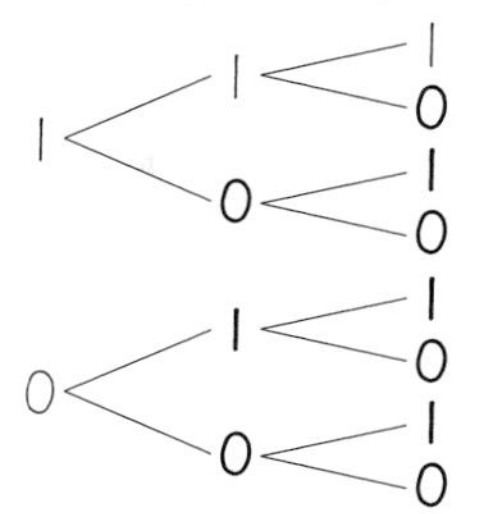

② 8通り

2 ① 2通り

② 3通り

③ 4通り

④ 5通り

〔P. 121〕

1

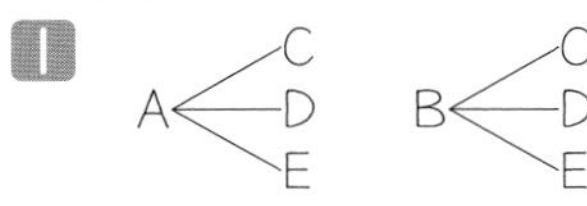

6通り

2

1 — 0, 2, 3　　2 — 0, 1, 3　　3 — 0, 1, 2

10, 12, 13, 20, 21, 23, 30, 31, 32

9通り

3

1 — 2, 3, 4　　2 — 1, 3, 4　　3 — 1, 2, 4　　4 — 1, 2, 3

12, 13, 14, 21, 23, 24, 31, 32, 34, 41, 42, 43

12通り

〔P. 122〕

1

	対戦チーム				成績
	A	B	C	D	
Aチーム		○	○	×	2勝1敗
Bチーム	×		○	○	2勝1敗
Cチーム	×	×		○	1勝2敗
Dチーム	○	×	×		1勝2敗

④ 6試合

2 10試合

3 ① 7試合

② 46試合

〔P. 123〕

1 (A, B) (A, C) (A, D) (A, E)
(B, C) (B, D) (B, E)
(C, D) (C, E)
(D, E)
10通り

2 5種類を A, B, C, D, E
(A, B, C, D) (A, B, C, E)
(A, B, D, E) (A, C, D, E)
(B, C, D, E)　　　5通り

㊟ たとえばAをのぞく5つのハンカチをとると考えて, Bをのぞく, Cをのぞく, Dをのぞく, Eをのぞくと考えて5通り

3

	5円	10円	50円	100円	500円
1円	6	11	51	101	501
5円	×	15	55	105	505
10円	×	×	60	110	510
50円	×	×	×	150	550
100円	×	×	×	×	600
500円	×	×	×	×	×

15通り

〔P. 124〕

1 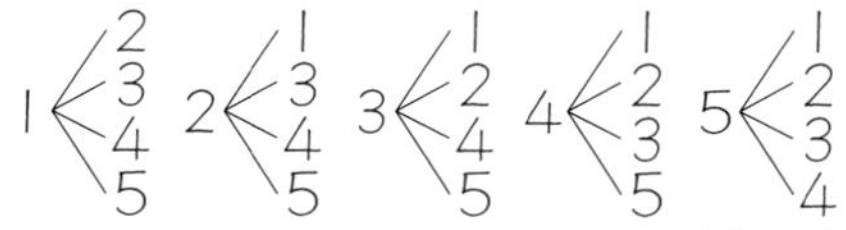
1 ＜ 2, 3, 4, 5
2 ＜ 1, 3, 4, 5
3 ＜ 1, 2, 4, 5
4 ＜ 1, 2, 3, 5
5 ＜ 1, 2, 3, 4
20通り

2 (A, B) (A, C) (A, D) (A, E)
(B, C) (B, D) (B, E)
(C, D) (C, E)
(D, E)　　　10通り

3 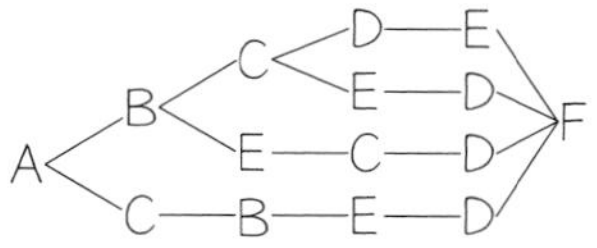
A—B—C—D—E—F
A—B—C—E—D—F
A—B—E—C—D—F
A—C—B—E—D—F
4通り

〔P. 125〕

1 ①

はかれる重さ	使う分銅				
	1g	1g	2g	5g	10g
1g	○				
2g			○		
3g		○	○		
4g	○	○	○		
5g				○	
6g	○			○	
7g			○	○	
8g	○		○	○	
9g	○	○	○	○	
10g					○
11g	○				○
12g			○		○
13g	○		○		○
14g	○	○	○		○
15g				○	○
16g	○			○	○
17g			○	○	○
18g	○		○	○	○
19g	○	○	○	○	○

※ 2gのかわりに1g2つでもよい。

2 ① 36g
② 10gが2個, 5g1個, 2g1個, 1g1個
③ 10gが2個, 5g2個, 2g1個, 1g1個

〔P. 126〕

① ■の正方形10個, ◩の正方形20個
10＋0.5×20＝20　　　20cm²

② ■の正方形14個, ◩の正方形32個
14＋0.5×32＝30　　　30cm²

③ 30×50＝1500, 50×20÷2＝500
1500＋500＝2000　　　2000cm²

〔P. 127〕

1 80×110×60＝528000　　　528000cm³
2 30×90×100＝270000　　　270000cm³